塔式起重机钢结构损伤诊断技术

阎玉芹　宋世军　史常胜　刁训林　著

中国建材工业出版社

图书在版编目(CIP)数据

塔式起重机钢结构损伤诊断技术/阎玉芹等著 . —
北京:中国建材工业出版社,2016.9
ISBN 978-7-5160-1565-0

Ⅰ.①塔… Ⅱ.①阎… Ⅲ.①塔式起重机—钢结构—
损伤(力学)—诊断—研究 Ⅳ.①TH213.303

中国版本图书馆 CIP 数据核字(2016)第 156619 号

内 容 提 要

本书以塔式起重机钢结构作为研究对象,以实现塔机钢结构在线损伤诊断为目
的,系统研究了塔机钢结构损伤诊断方法。分析研究了正常状态、正常空载状态以及
塔身钢结构损伤状态下塔机塔身顶端倾角特征模型,建立了空载状态下塔身钢结构
损伤方位判断的倾角特征模型和塔机钢结构完好状态识别的时序刚度距模型;系统
研究了基于支持向量机和位移变化率的塔机钢结构损伤诊断方法,将位移变化率作
为支持向量机的输入量,进行训练和分类检验,对塔机的塔身钢结构损伤进行诊断,
通过实验证明了方法的可行性;设计开发了塔机综合监测系统,该系统具有较强数据
管理功能,结果可视,界面友好。

塔式起重机钢结构损伤诊断技术

阎玉芹 宋世军 史常胜 刁训林 著

出版发行 中国建材工业出版社
地 址:北京市海淀区三里河路 1 号
邮 编:100044
经 销:全国各地新华书店
印 刷:北京鑫正大印刷有限公司
开 本:710mm×1000mm 1/16
印 张:6.25
字 数:120 千字
版 次:2016 年 9 月第 1 版
印 次:2016 年 9 月第 1 次
定 价:28.00 元

本社网址:www.jccbs.com 微信公众号:zgjcgycbs
本书如出现印装质量问题,由我社市场营销部负责调换。联系电话:(010)88386906

前　　言

塔式起重机作为一类典型的大型工程机械,属于建筑施工中的一种高危特种设备。塔机发生故障,不仅需要专业人员进行维修、维护、机械停工,造成较大的经济损失,而且,一旦塔机发生倒塔事故,极有可能发生群死群伤的特大事故。塔机安全问题不仅涉及个体生命的安全与健康,而且对社会稳定和经济发展也有着极为重要的影响。对塔机进行健康监测,及时发现塔机存在的安全隐患,提高塔机运行的可靠性,减少或消除事故,已成为业内关注的焦点问题。

本书结合国内外钢结构损伤诊断领域的发展现状及研究热点,以实现塔式起重机钢结构在线损伤诊断为目的,对塔机钢结构损伤诊断技术进行了深入系统的分析与研究。本书共分七章:第一章阐述了结构损伤诊断技术的研究方法及存在问题。第二章主要研究塔机塔身顶端倾角模型,研究正常空载状态下、塔身钢结构损伤状态下的塔身顶端倾角特征模型,以及塔身钢结构损伤方位判断的倾角特征模型。第三章研究塔机钢结构完好状态的判断准则,研究了塔机钢结构完好状态、严重超载状态以及人员违规操作识别的时序刚度距模型。第四章是基于支持向量机的塔机钢结构损伤诊断方法研究,提出了基于位移变化率和支持向量机的塔机钢结构损伤识别方法。第五章是塔机钢结构损伤诊断的实验研究。第六章是塔式起重机综合监测系统设计开发,开发的塔机综合监测系统平台集结构监测、损伤诊断、管理评估于一体,能够实现塔机钢结构损伤的实时识别、塔机工作环境和使用过程各项性能指标的实时监控。第七章总结了本书的研究内容,提出了未来的研究方向。

本书由山东建筑大学阎玉芹、宋世军,中国航空工业集团公司济南特种结构研究所史常胜,济南市特种设备检验研究院刁训林共同编著。在本书写作过程中得到了很多朋友和同行的热情帮助,在此向他们致以衷心的感谢!感谢山东富友公司在实验场地和实验设备方面提供的帮助,特别感谢王积永总经理在实验过程中给予的帮助。感谢冒着大雪帮助我们进行实验的山东省建筑科学研究院的李成伟研究员、冯功斌研究员、黄工以及富友公司的员工们。

为了反映国内外的研究成果,本书写作过程中引用了很多公开发表的论文及著作,这些资料给本书写作提供了丰富的借鉴空间,使作者受益匪浅。在此对这些资料的作者们一并表示感谢。

由于作者水平有限,书中不免有错误和不当之处,敬请读者不吝指正。

阎玉芹

于山东建筑大学

2016 年 7 月

目　　录

第1章 绪 论

1.1 研究的背景及意义

工程机械行业是我国机械工业的主要支柱产业之一,也是桁架结构的主要应用领域之一。2005年我国工程机械销售额达到1262亿元,之后每年销售额都以大幅度进行增长,到2010年总销售额突破4000亿元,预计到2015年销售额将达到9000亿元,年平均增长率约为17%。

图1-1列出了2005到2010年我国工程机械销售额情况。中国已经成为世界工程机械制造业的四大基地之一。工程机械作为各项基础设施建设必需的机械装备,在国民经济与国家建设中占据重要地位。

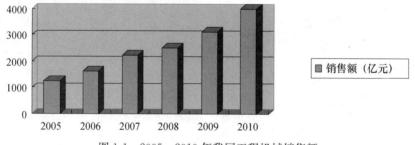

图1-1 2005—2010年我国工程机械销售额

塔式起重机(以下简称塔机)作为一类典型的大型工程机械,属于建筑施工中的一种高危特种设备[1]。塔机结构除承受自重和工作载荷之外,还要承受惯性力及冲击载荷等附加载荷的作用,主要受力部件长时间受到较大的压、弯、扭、剪切等重复载荷作用。而且其多系露天作业,受风雨、日晒、大气、粉尘影响和侵蚀,工作环境十分恶劣,致使故障频发[2,3,4]。尤其近年来随着施工规模日益扩大,施工用塔机也日趋大型化、连续化、机电一体化,其性能与复杂程度不断提高,因此,其结构安全就更为重要。塔机发生故障,不仅需要专业人员进行维修、维护、机械停工,而且,一旦塔机发生倒塔事故极有可能造成较大的经济损失,甚至发生群死群伤的特大事故。2008年10月13日上海港货物装卸经营码头发生了一起百吨重塔机因超载造成倾斜倒塌事故,砸中正在装货的两艘船只,一名塔机操作员的腰部受伤;2008年10月10日山东省淄博市张店区沣水镇刘家村旧村改造工程工地发生塔机倒塌事故,造成毗邻一幼儿园内 5 名幼儿当场死亡,3 人受伤;2008 年 10 月 20 日,位于浙江省台州市椒江区洪家街道的城市港湾小区第三期工程一座塔机,在上升至十余层高度时突然倒塌,塔机横梁自北向南倒下,在倒下过程砸到几十米远的另一座塔机,造成两座塔机同时倒塌,事故造成 3 死 3 伤;2008 年 12 月 29 日湖南永州零陵区潇湘中路一正在施工的建筑工地发生塔吊倒塌事故,造成三人当场死亡,二人受伤,四辆小轿车被砸坏。事故现场照片,如图 1-2 所示。

(1) 上海港货物装卸经营码头塔机事故现场

(2) 山东淄博张店区塔机事故现场

(3) 浙江台州塔机事故现场图

(4) 湖南永州零陵

图 1-2　塔机事故现场照片

　　由此可见,塔机安全问题不仅涉及个体生命的安全与健康,而且对社会稳定和经济发展也有着极为重要的影响。一旦发生事故,经济损失惨重、社会影响恶劣。如果我们能实时监测塔机结构的健康情况,准确掌握其损伤状况,就可以及时修复结构损伤,避免灾难的发生。对塔机进行健康检测、及时发现塔机存在的安全隐患、提高塔机运行的可靠性、减少或消除事故已成为业内关注的焦点问题[5]。

　　在工程机械安全监测方面,我国许多科研院所、工程机械的研发机构及大型企业已经做了许多工作。2000 年 12 月通过建设部验收的“九五”科技攻关专题“大型塔机安全监控保护系统的研究”,该专题实现了对塔机起吊力矩、起重量、小车幅度、吊钩高度、风速等多种参数的实时监控[6]。2002 年天津工程机械研究所专利“基于网络的移动作业机群设备状态监测与故障诊断系统”是基于 GSM/

GPRS 网的分布分层式移动作业机群设备监测系统平台,其智能监测系统能够实时监视单机的运行状态参数,异常情况下发出报警指示[7]。2007 年中信康公司与上海交通大学联合申报的"大型塔式起重机安全施工及实时状态监测与预警关键技术和产品开发研究"被列入国家 863 计划。

金属结构是大型工程机械的基本构成及主要承载系统。在塔机事故中,近一半事故是由于金属结构破坏引起的[8-9]。任何结构在出现事故之前都有预兆,如出现异常的位移或倾斜,结构构件的某些特征发生明显的变化等,如果能及时捕捉到这些异常信号,准确判断原因并及时进行处理,就可以避免恶性事故的发生。因此,对塔机钢结构状态进行健康监测可以弥补现行塔机监测系统的不足,进一步可靠地、高效地发挥设备应有的功能,减少经济损失、提高人身安全、防止重大事故的发生。

1.2 结构损伤诊断技术的研究进展

结构健康监测技术(Structural Health Monitoring)起源之初是对结构进行载荷监测。随着结构日益向大型化、复杂化和智能化转变,结构健康监测技术的内容逐渐丰富起来,不再是单纯的载荷监测,而是向结构损伤检测、损伤定位、结构剩余寿命预测等多方面发展。结构健康监测技术发展至今已成为一个多领域、跨学科的综合性技术,涉及结构动力学、材料学、传感技术、测试技术、信号采集与处理技术、计算机技术、优化设计等多学科的知识[10]。

结构健康监测是指应用无损检测技术和分析手段对包括结构各种响应在内的结构特性进行检测和分析,实现对结构整体行为的实时监控,从而识别结构是否发生损伤、确定损伤位置和损伤程度、评估结构的使用寿命,为结构在突发事件下或结构使用状况严重异常时触发预警信号,为结构的维修、养护与管理决策提供依据和指导[11-12]。Doebling 和 Rytter 等将结构损伤状态识别分为 5 个层次:①确定结构是否发生损伤;②确定损伤位置;③确定损伤类型;④评估损伤程度;⑤预计结构的剩余使用寿命[13-14]。损伤识别是结构健康监测的基础,长期以来都是一个非常活跃的研究领域,很多研究都致力于探索损伤识别新方法。结构损伤识别技术有多种分类方法。根据选用参数的不同,损伤识别技术可分为局部损伤识别和全局损伤识别[15];按是否使用分析模型,可以分为有模型识别法和无模型识别法[16];按损伤识别技术分类策略,可以分为对结构性能进行连续监测的方法和由于突发事件而引起的损伤探测方法[17];根据损伤对结构的影响可分为线性和非线性损伤识别法[18-19];按损伤识别所用的理论和技术进行分类,可分为基于振动特性的损伤识别方法、基于信息融合技术的损伤识别方法、基于信号处理技术的损伤识别方法和基于数字图像处理技术的损伤识别方法等。

1.2.1　基于振动特性的结构损伤识别方法

系统的特性可以用物理参数(如刚度、质量和阻尼)和模态参数(模态频率和模态阵型等)进行描述。物理参数是系统特性的直观表述,可以直接用于评价系统的特性。模态参数也是系统的一个非常重要的特性,反映结构的质量和刚度分布状态,如果结构模态参数发生变化,也能间接反映结构的物理特性的变化。基于振动特性的系统损伤识别方法是一种全局损伤识别方法,其基本思想是模态参数是系统物理特性的函数,物理特性的改变与系统动力响应的改变间是相关联的,结构损伤导致结构的动态特性,如固有频率和振型发生变化,可以利用这种关联来识别损伤,属于结构动力学的反问题。在损伤识别过程中,首先识别振动模态参数,再由模态参数识别系统的物理参数,最后选用合理的损伤识别方法比较损伤前后系统的特性,可以定性和定量地估计系统的损伤。

1.2.1.1　基于固有频率变化的结构损伤识别方法

固有频率是模态参数中最容易获得的参数,与其他模态参数相比受外界因素影响小,便于精确测量。早在 20 世纪 70 年代应用固有频率进行结构损伤识别地方法就广泛应用于海上石油平台的损伤识别。1978 年 Adams 等通过研究,提出仅用测量的固有频率进行损伤识别和评估的方法[20]。1979 年 Cawley 等将不同阶模态频率变化的比值 $\delta_{\omega i}/\delta_{\omega j}$ 作为损伤指标,提出了一种根据频率改变来检测复合材料损伤的方法[21]。Morassi 和 Rovere 通过测量损伤前后频率的改变,较好地识别了在 5 层钢框架结构中的一个槽口损伤[22]。Messina 和 Williams 等提出了用多阶模态频率的变化来识别损伤位置的损伤定位准则 DLAC(Damage Location Assurance Criterion)[23-24]。Hearn 等假设损伤不改变质量矩阵并忽略二阶项,通过动力特征方程将第 i 阶模态频率改变的平方与单元刚度矩阵的改变以及单元刚度矩阵损伤指标联系起来,推导得到频率改变的平方是损伤指标和损伤位置的函数,其比值只与损伤位置有关。确定损伤位置后,计算损伤指标从而确定损伤程度[25]。高芳清等将结构损伤后的第 i 阶和第 j 阶模态频率变化的平方比作为桁架结构损伤检测的特征参数,对于每个单元都可以计算出这样一个参数,因此可以识别出损伤位置,由这个参数的大小又可获知损伤程度。并通过数值模拟证明利用该参数对桁架结构微小损伤进行判断的效果显著[26]。Fox 通过分析一带锯口的梁的试验数据,发现当梁上有锯口时某些阶模态频率反而略微增加。认为这是测量模态频率的方法不够精确导致的,并认为频率不是好的损伤识别指标[27]。Srinvasan 等对板的损伤进行了研究,得到了与 Fox 类似的结论[28]。Farrar 等的研究表明,频率变化对高速公路桥的损伤不灵敏,即使全桥截面刚度减少 21%,模态频率也无显著变化,认为频率主要表征结构的整体性质,不能识别损伤的位置和程度[29]。

由于频率(尤其是前几个低阶频率)是一种全局信息,而损伤一般情况下是一种局部现象,固有频率对结构早期损伤有时并不十分敏感,往往只能发现损伤,而无法确定损伤位置。虽然高阶频率对结构的微小损伤比较敏感,但高阶固有频率的变化很难获得。所以,利用固有频率的变化无法识别结构的小损伤[30]。

1.2.1.2 基于阵型变化的结构损伤识别方法

虽然振型的测试精度低于固有频率,但振型包含更多的损伤信息。利用振型变化识别结构早期损伤的方法很多。常用的方法有模态置信度判断法和振型曲率法。

1. 模态置信度判断法

固有振型的比较通常使用 Ewins 提出的模态置信度判据(Modal Assurance Criterion,MAC),MAC 实际上是表示两个向量的相关特性的量,其计算公式如下:

$$MAC = \frac{(\phi^T \phi_*)^2}{\phi^T \phi \phi_*^T \phi_*} \tag{1-1}$$

式(1-1)中 ϕ 和 ϕ_* 分别为结构损伤前后相对应的某阶固有振型。Ewins 指出,当 MAC>0.9 时,可以认为两个模态是相关的,而 MAC<0.05 时,两个模态是无关的,因此根据 MAC 的大小可以判断损伤的严重程度[31]。

1988 年 Lieven 提出了改进的 MAC 准则,称为(Coordinate MAC－CO-MAC):

$$COMAC(k) = \frac{\left[\sum_{i=1}^{m} |\phi_{ui}(k)\phi_{di}(k)| \right]^2}{\left[\sum_{i=1}^{m} \phi_{ui}^2(k) \sum_{i=1}^{m} \phi_{di}^2(k) \right]} \tag{1-2}$$

式(1-2)中, $\phi_{ui}(k)$ 和 $\phi_{di}(k)$ 分别为 ϕ 和 ϕ^* 在第 k 个自由度的分量。COMAC 则为振型在每个自由度上的相互关系[32]。Alampalli 等分别对实体桥和模型桥进行了模态试验,并用统计方法分析了模态参数及其导出量(MAC、COMAC)对结构状态改变的灵敏程度。结果显示,模态参数及其导出量可用于识别损伤的存在,但却难以进行损伤定位[33]。

2. 振型曲率法和应变模态法

振型的二次导数即为振型曲率[34]。如果结构出现损伤,则损伤处的刚度会降低,而曲率便会增大。因此,可以根据振型曲率的变化确定损伤发生的位置。对于测量振型,可以采用中心差分方法求得振型曲率。由于曲率正比于应变,因此振型曲率可以直接通过测量应变得到,并用来诊断损伤位置[35-36]。Pandey 等指出模态曲率的改变能够很好地表征损伤;模态曲率可以由模态通过差分法计算得到。虽然他们当时是在梁有限元模型上计算得出这个结论的,实际应用中不必依赖分析模型[37]。该方法的不足之处是需要非常邻近的测点,以便利用中心差分法求取曲率模态。这样就要求足够密的测点,或者要求精度非常高的插值扩阶模态,否则将增大曲率模态振型的误差。Edwards 等研究了应用曲率模态或应变模态进行结构损伤诊断时最佳采样间隔,通过选用最佳采样间隔可以最大程度减少测量噪声和切断误差对损伤诊断灵敏度和精度的影响[38]。

郑明刚等应用曲率模态对玻璃模型桥的损伤问题进行了模拟研究,得出结论即采用曲率模态较振型模态效果好[39]。李德葆等对承弯结构的曲率模态进行了理论研究,得出局部损伤对曲率模态较为敏感的结论[40]。李永梅等提出采用结构损伤前后的单元应变模态差作为网架结构损伤定位的识别指标,并以损伤单元应变模态的差值大小确定损伤程度。通过对一个典型网架结构的数值模拟研究,表明该方法能够在低阶模态条件下,有效识别网架结构不同位置和程度的局部损伤。且在一定噪声水平下具有较强的鲁棒性,适用于实际观测条件下的网架结构损伤定位[41]。

1.2.1.3 基于模型修正的结构损伤识别方法

模型修正方法是以实测模态参数或者未损伤结构的有限元模型或试验模型作为参考基,寻找满足结构动力学方程、正交条件、对称矩阵条件和相联条件,且与参考基最接近的计算模型(质量矩阵、刚度矩阵、阻尼矩阵)或试验模型。通过比较两者之间的差别,可以精确地进行损伤定位。模型修正方法可以分为两大类:①修正结构的计算模型,即利用试验模态分析结果(模态参数,如频率、振型)修改理论有限元模型的刚度、质量等参数,在保证模态参数自身精度的前提下,使修正后有限元模型的振动特性参数趋于试验值,也称动力模型修正;②直接修正结构的设计参数(即结构的几何特性和物理特性参数)。模型修正技术可以看作是一个有约束的优化问题,基于此的损伤诊断方法可以依据要极小化的目标函数的选择,施加的约束条件的不同,以及相应各异的数值求解方法,可以产生许多不同的损伤诊断方案[42]。

灵敏度修正法是基于泰勒级数展开的一种损伤识别方法。利用模态参数对结构总刚度矩阵或单元刚度矩阵的灵敏度,进行结构刚度矩阵的摄动修改。利用特征值问题的一阶摄动,可以得到结构总刚度矩阵的变化与特征问题值变化之间的关系,并继而得到特征值变化与单元刚度变化之间的关系,进而运用系统特征值对单元刚度矩阵的敏感性求解结构刚度变化。Hemez 讨论了灵敏度修正的各种方法及其分类,各方法区别在于灵敏度矩阵的计算。对试验灵敏度可用模态参数正交关系计算其导数。解析灵敏度方法则需对刚度和质量矩阵的导数进行计算,它对数据干扰和参数扰动的敏感性不如试验灵敏度矩阵[43]。Hassiotis 等将特征值对刚度减小的灵敏度转化为欠定方程组,并作为求解优化问题的限制条件,用少量频率测试数据识别结构刚度的减小量[44]。刘济科等将固有频率和固有模态灵敏度分析相结合,利用泰勒级数展开及最小二乘法,直接求解损伤指标[45]。

矩阵优化修正法通过寻求某种优化目标并满足一定约束条件的矩阵或矩阵参数摄动来修正模型[46]。Marssi 采用损伤前后频率差的优化准则来求解刚度的变化系数。并用五层钢框架的损伤诊断进行验证[22]。Doebling 通过求解刚度矩阵的最小秩目标函数的优化问题,以计算出刚度矩阵参数的扰动值[47]。Oh 等提出利用混合数据(静力位移和模态数据)的迭代算法,加入静力位移以模拟结构高阶模态,提高损伤评估的效率[48]。Bicanic 等采用直接迭代法或高斯-牛顿最小二乘法进行模型修正以识别结构损伤[49]。

1.2.1.4 基于传递函数变化的结构损伤识别方法

Lew 根据传递函数的变化,提出了一种适用于大挠度结构损伤识别的方法。由于损伤引起的传递函数的变化唯一地由损伤的类型和位置确定。虽然传递函数或频响函数的信息量大,但损伤识别仅利用频响函数的一列数据[50]。Mark 等提出了另一种传递函数识别损伤的方法,定义传递函数是结构上任意二点加速度的互谱与二点中任意一点的自谱的比值。对于相同均方根幅值的随机激励,传递函数是频响函数矩阵列的函数,结构传递函数的最大变化反映了结构的损伤情况。因此,根据传递函数的变化就可识别结构早期损伤[51]。Sampaio 等也提出了一种传递函数识别损伤的方法,即频响函数曲率法,用于结构的损伤识别。证明频响函数曲率法可以很好地识别梁的损伤,至少能识别杨氏模量降低 25% 这样的损伤量,并考虑了 5% 噪声的影响[52]。Thyagajan 运用结构损伤前的有限元模型和损伤后实测的部分频率和振型,对结构的频响函数矩阵进行分解,建立最小二乘函数,运用优化算法对结构的刚度和阻尼进行识别,并研究了一座桁架桥的单损伤识别和多损伤识别问题[53]。Maia 等将频响函数应用到基于振型的方法之中,提出了基于频响函数的振型曲率法和损伤指数法等,并通过对梁损伤的数值模拟与试验得出,该方法优越于传统的基于振型的各种方法[54]。Park 等采用频响函数法利用不完备的测量数据对一个 25 单元的钢板进行了损伤识别[55]。

1.2.1.5 基于柔度变化的结构损伤识别方法

很多学者在利用柔度变化进行损伤识别方面做了有益的研究。Pandye 提出了一种应用柔度矩阵识别梁类结构损伤的方法。在柔度矩阵中,在模态满足归一化的条件下,柔度矩阵是频率的倒数和振型的函数。随着频率的增大,柔度矩阵中高阶模态的影响迅速减小以至忽略不计。这样只要测量前几个低阶模态参数和频率就可获得精度较好的柔度矩阵。根据获得损伤前后的二个柔度矩阵的差值矩阵,求出差值矩阵中各列中的最大元素,通过检查每列中的最大元素就可找出损伤的位置[56]。Zhoaetal 对用于损伤诊断的模态参数进行了灵敏度分析,表明模态柔度矩阵比频率、振型更适用于损伤识别[57]。徐龙河等提出了一种基于结构振动特性的两阶段损伤诊断方法,先由基于柔度矩阵的损伤定位技术确定可能损伤的单元位置,然后采用二阶特征灵敏度分析法对其损伤程度进行估计。对一两层空间钢框架模型结构进行了模拟损伤试验研究,结果表明该方法能够有效地识别出结构损伤单元的位置与损伤程度[58]。

1.2.1.6 基于模态应变能变化的结构损伤识别方法

Cornwell 等研究了基于应变能变化的结构损伤识别方法,将梁式结构模态应变能损伤识别方法推广到了二维弯曲的板式结构的损伤识别中。仅需要结构损伤前后的振型,即可准确识别板上某个区域内最低到 10% 的损伤,并对梁类结构、板类结构进行了单损伤及多损伤的识别[59]。Shi 等利用损伤前后结构单元的模态应变能变化作为损伤识别指标。并通过在钢框架损伤的识别应用,说明模态应变能变化值对损伤具有较高的敏感性,且该法具有简单、容错性强等优点[60]。Law 等考虑数据的不完备性和噪声的影响,提出基于单元势能差和模态扩阶技术的损伤定位,用固有频率的灵敏度进行损伤程度的判定[61]。Shi 等基于模态应变能变化,提出了一种损伤程度诊断的改进算法。降低了模态截断误差和有限元模型误差对计算结果的影响,提高了文献[60]中算法的收敛性[62]。史治宇等利用单元模态应变能变化对两个框架结构模型进行了损伤识别,并通过模型试验验证了方法的有效性[63]。宋玉普等提出了空间钢网架损伤的两步诊断法。①利用模态应变能对结构损伤的敏感性,判断出结构损伤的可能位置;②利用神经网络从可能发生损伤的杆件中定位出实际损伤的位置,并进行损伤程度的判断[64]。刘涛等采用信息融合技术对各阶模态应变能进行融合,建立了基于信息融合的改进的模态应变能法。并通过对一座预应力混凝土组合箱梁桥损伤识别数值算例的分析,验证了该方法具有良好的损伤敏感性和噪声鲁棒性[65]。

1.2.2 基于信息融合技术的结构损伤识别方法

结构的损伤导致结构动力特性的变化,在结构损伤前后分别测得结构模态参数值,利用确定性的损伤指标方法能有效地识别结构的损伤。然而,实际工程中存在着许多不确定性因素,例如温度变化、力振幅的变化、动力测试噪声、模型误差等等。所有这些因素构成了动力损伤中的不确定性,如何利用不确定性的方法来识别损伤是学者们关心的问题[66]。

多信息融合技术(Multi - Source Information Fusion,MSIF)是将不同来源、不同模式、不同媒质、不同时间的信息进行有机结合,最后得到对被感知对象的确切描述。作为一门交叉学科和技术,涉及模式识别、估计推断理论、决策论、优化设计等,最早出现在 20 世纪 70 年代,主要应用于军事领域,到 20 世纪 80 年代发展成为一门成熟技术。最近十几年,随着计算机技术、信号处理技术和传感器技术的发展,多信息融合技术发展迅速,在许多领域都得到广泛应用,也成为大型复杂结构健康监测和损伤诊断领域研究的热点。

多信息融合技术根据融合对象或过程可分为三个层次:数据层融合(Data Level Fusion)、特征层融合(Feature Level Fusion)、和决策层融合(Decision Level Fusion)。应用较多的算法有加权平均、卡尔曼滤波、贝叶斯估计、统计决策理论、聚类分析法和神经网络法等。

1998 年 Beck 和 Katafygiotis 提出了基于贝叶斯模型修正及统计推断的基本框架[67-68]。1999 年 Vanik 和 Beck 等提出了基于贝叶斯理论的在线健康监控方法[69]。2002 年 Beck 等又提出了一种基于 Metropolis - Hastin 算法的自适应的马尔可夫链蒙特卡洛(Markov Chain Monte Carlo,MCMC)方法,并用两自由度模型进行了验证[70]。2004 年 Yuen 和 Ching 等,针对 IASC - ASCE 的 Phase I Benchmark 框架模型研究,提出了利用贝叶斯系统识别来修正结构的模型参数的两步法;针对 Phase II Benchmark 模型,利用损伤前后的数据进行了两步法识别,并利用 Expectation - Maximization 算法进行了参数最大概率识别[71-72]。1997 年 Sohn 等根据贝叶斯估计原理,提出了损伤检测的预报设想[73]。易伟建、瞿伟廉等利用贝叶斯方法,进行了基于应变模态的损伤诊断研究[74-75]。

Trendafilove 提出了利用统计模式识别的方法进行损伤识别,根据损伤概率的大小来确定损伤的发生[76]。Sohn 和 Gul 等也将统计模式识别技术应用到结构的健康诊断中,并通过简单钢梁和复杂钢网格结构对提出的统计模式识别算法进行验证,证明了方法的实用性以及存在的缺陷[77,78,79,80]。Hermnas 在随机子空间的基础上提出利用假设检验法进行损伤识别[81]。Sohn 等提出了利用统计过程控制进行连续监测损伤的方法[82]。邱洪兴等从统计学角度提出了损伤区域的判断分析法,每一个可能的损伤状态定义为一个随机总体,通过比较样本到每一个总体的距离来确定样本与哪个总体最靠近,进而对损伤区域做出判断,避免了确定损伤单元数量时的主观判断,减少了误判风险[83]。张蓓等从概率的角度进行损伤识别,将故障结构的参数变化看作是对完好结参数的"摄动",以圆截面双层空间钢架的裂纹诊断为例对其进行了概率诊断,将概率的概念引入了故障诊断领域,使损伤识别更科学、更具有实际意义[84]。

人工神经网络是心理学家 Meculloch 和数理逻辑学家 Pitts 在 1943 年首先提出的,经过 50 多年的发展,特别是 1986 年 Rumelhart 等人提出多层前馈网络的反向传播算法(Back Propagation,BP)后,神经网络技术在商业、金融、建筑制造业、医学、航空、通信、力学等领域得到了广泛的应用[85-86]。由于 BP 网络具有并行计算能力、自我记忆能力和自我学习功能,还有很强的容错性与鲁棒性,成为结构健康诊断领域的得力工具,并被广泛应用到损伤结构诊断模型研究中。

神经网络输入向量的选择及其表达形式会直接影响损伤诊断的效果,是应用人工神经网络进行结构损伤诊断的一个重要问题。采用有模型的方法进行结构损伤诊断时,输入参数一般为固有频率[87],位移或应变模态[88],频响函数[89-90]等。1994 年 Kirkegaard 和 Rytter 将 BP 网络应用于 20m 高的钢塔架结构的损伤诊断,将结构的前五阶自振频率作为网络的输入,网络输出单元的损伤程度。结果发现在螺栓连接强度较弱时,即模拟的损伤较大时,网络的识别结果较好[91]。Pandey 等利用多层构造神经网络诊断典型桁架桥梁结构的损伤情况,并采用振动方法和人工神经网络相结合的方法诊断钢桁架桥梁的损伤[92-93]。Bakhary 等利用统计方法,考虑有限元建模和振动测量过程中的不确定因素影响,对传统人工神经网络模型进行了改进,提出了统计神经网络模型,通过蒙特卡洛模拟法证明了统计方法的准确性,并通过数值和实验验证了改进神经网络能较可靠的对结构的损伤进行识别[94]。李志宁等应用人工神经网络技术,采用分步诊断的方法,提出了反映结构损伤位置和程度的健康诊断方法。通过模态分析得到基于固有频率和位移模态的网络输入特征参数,分别利用概率神经网络和 BP 网络对结构损伤的位置和程度进行识别[95]。伍雪南等应用神经网络技术对悬索桥结构损伤位置和程度识别进行了探讨。采用 BP 网络,以不同损伤程度下基于吊索频率计算的张力指标作为网络的训练与测试输入,由网络的输出向量来指示损伤位置及程度。然后,利用悬索桥试验模型,针对个别损伤工况进行了损伤识别的模型试验研究。数值模拟和试验研究均获得较好的损伤识别效果[96]。

近年来,支持向量机(Support Vector Machine,SVM)技术也被应用到结构的损伤诊断领域,并取得了很大的进展,越来越多的研究学者开始关注这一理论[97,98,99]。刘龙等以模态频率作为损伤特征。首先,根据支持向量机分类算法的概率估计确定结构可能的损伤位置,重新构造训练样本,然后,利用支持向量机回归算法计算损伤位置,最后估计损伤程度。并以梁的损伤识别为例进行了验证,结果表明该方法可以提高损伤识别的精度[100]。樊可清利用 SVM 方法对桥梁状态进行监测,即对香港汀九大桥进行 794h 实测数据检测,证明了 SVM 方法在桥梁状态监测系统中的实用性和有效性[101]。何浩祥提出用小波频带能量进行主成分分析后作为支持向量机的输入特征向量,对一座三跨连续梁桥进行了损伤识别分析[102]。

1.2.3 基于信号处理技术的结构损伤识别方法

基于信号处理的损伤检测方法不需识别结构的动力参数,而是通过分析测量信号,从中提取反映结构本身特性的某种特征参数,达到识别损伤的目的。在基于试验信号处理的损伤检测方法中,用于信号处理的方法是多种多样的,但其根本目的都是要提取足够多的响应信息和追求足够高的信号损伤敏感度。目前,常用的信号处理方法有三种:时域法、频域法、时-频域法。

1.2.3.1 时域法

时域法是将测得的振动信号直接进行参数识别。用时域法对系统进行参数识别的方法不多。主要有随机减量法、Ibrahim 时域法、最小二乘复指数法、时间序列分析法等[103,104,105,106]。20 世纪 70 年代 Ibrahim 等提出利用结构自由振动响应时程曲线识别系统的模态参数。首先利用测量到的结构自由振动信号建立系统特征矩阵,然后通过求解特征值问题得到系统的模态参数[107-108]。曹树谦等介绍了用最小二乘复指数法进行模态参数识别的基本方法[106]。时序法使用的数学模型主要有 AR(Auto - Regressive)模型和 ARMA(Auto - Regressive Moving

Average)模型,两者均使用平稳随机信号。20 世纪 70 年代中期,美籍华人吴贤铭和 Pandit 将时序法成功用于机械制造业,对其数学方法赋予了清晰的物理概念,并阐明了时序模型方程与振动微分之间的关系。Lei 等提出了用时间序列级数分析振动信号的损伤诊断方法,并把该方法用于 Benchmark 基准结构的损伤识别[109]上。考虑不同激励以及 ARX(Auto - Regression with eXogenous inputs)预测模型阶数的影响下,进一步修正了了参考文献[109]中的方法。并利用 Benchmark 问题中的有限元模型、不同激励状态以及损伤模式的不同组合得到的加速度响应数据,验证了方法的实用性。结果表明,中等程度和严重程度的损伤可以被正确地识别和定位,而小损伤难以识别[110]。Sohn 等提出仅用结构加速度时间过程响应来定位结构中的损伤。用实际测量结果与由 AR 和 ARX 模型相结合预测结果之残差的标准差作为损伤敏感因子[111]。

1.2.3.2　频域法

在测试时,响应与力的信号都是时间的函数,要在频域内进行参数识别,就必须将其转换成频域信号。傅里叶变换是时域到频域相互转化的工具。从物理意义上讲,它的实质是把波形分解成许多不同频率的正弦波的叠加和,这样我们就可以从时域转换到频域实现对信号的分析。傅里叶谱分析方法是对信号全局能量谱分布的一种描述方法,由于傅里叶谱分析要求系统是线性的,信号是周期的或者平稳的,连续的或者是只有有限个第一类间断点,只有有限个极值点。这就使得傅里叶谱分析方法在处理非线性和非平稳的信号时不太理想,也即通过傅里叶变换,虽然可以知道信号所含有的频率信息,但不能知道这些频率信息究竟出现在哪个时间段。为了研究信号在局部范围的频域特性,1946 年 Gabor 提出了窗口傅里叶变换(也称短时傅里叶变换,STFT)。窗口傅里叶变换是一种局部化的时-频分析方法,即将传统的时域至频域的傅里叶变换用加窗的方式结合起来,对局部的时间段进行频域分析。窗口傅里叶变换部分地解决了短时信号的分析问题,但它存在许多本质上的缺陷。时窗的尺度越窄,则时间分辨率越高,但这时频率分辨率又很低;如果时窗的尺度越宽,则频率分辨率很高,但这时时间分辨率又很低[112]。为了解决这个矛盾,学者们研究和探索了新的信号分析方法,其中小波分析方法就是在这样的背景下得到了应用和发展。

1.2.3.3　时-频域法

小波变换(Wavlet Transform)的概念是 1984 年法国地球物理学家 J. Morlet 在分析处理地球物理勘探资料时提出来的。其数学基础是傅里叶变换。1985 年,法国数学家 Y. Meyer 构造出具有一定衰减性的光滑小波。1988 年,比利时数学家 I. Daubechies 证明了紧支撑正交标准小波基的存在并成功构造它,使得离散小波分析成为可能。1989 年 S. Mallatt 提出了多分辨率分析概念,统一了在此之前各种构造小波的方法,提出了离散小波变换的快速算法,使得小波变换走向了实用。

小波变换的含义：把一个称为基本小波的函数 $\psi(t)$ 做位移 τ 后，再在不同尺度 a 下与待分析信号 $x(t)$ 做内积：

$$WT_x(a,\tau) = \frac{1}{\sqrt{a}} \int_{-\infty}^{+\infty} x(t)\psi^*\left(\frac{t-\tau}{a}\right)\mathrm{d}t \ , \ a > 0 \tag{1-3}$$

等效的频域表示式：

$$WT_x(a,\tau) = \frac{\sqrt{a}}{2\pi} \int_{-\infty}^{+\infty} X(\omega)\psi^*(a\omega)e^{j\omega\tau}\mathrm{d}\omega \tag{1-4}$$

式中，$x(\omega)$，$\psi(\omega)$ 分别是 $x(t)$，$\psi(t)$ 的傅里叶变换。

小波分析法将时域和频域结合起来描述观察信号的时频联合特征，构成信号的时频谱，特别适用于非平稳振动信号。小波分析方法是一种窗口大小固定但其形状可改变，时间窗和频率窗都可改变的时频局域化分析方法，其在低频部分具有较高的频率分辨率和较低的时间分辨率，在高频部分具有较高的时间分辨率和较低的频率分辨率，被称为数学望远镜。近十几年，小波分析法被广泛应用在机械和结构的健康监测领域。

Corbin 等指出小波分析对结构的局部损伤有较大的敏感性。分别对 3 自由度的弹-质量-阻尼系统，悬臂梁和 Benchmark 基准结构共 3 种情况进行了分析，对测得的加速度信号进行小波变换，得到了由于损伤导致的奇异信号峰值，指出根据峰值的时间和空间分布，可以得到损伤的发生时刻和发生位置[113]。Gentile 等基于振型在损伤位置的奇异性，提出采用连续小波变换的方法来检测梁中裂纹的位置[114]。Hera 在 Corbin 参考文献[107]的基础上，对 Benchmark 基准结构小波损伤检测做了更详细的讨论，分析了损伤发生时间、位置的检测以及噪声的影响。最后还分析了有限元模型对小波检测方法的影响，指出小波分析的结果不依赖于有限元模型，但结构的先验知识将有助于检测损伤的位置[115]。高宝成等利用小波分析技术对简支梁裂缝位置进行了识别[116]。赵学风等针对结构损伤识别中缺少实际损伤样本的问题，提出基于小波包特征提取的支持向量机结构损伤诊断方法。将结构振动信号小波包分解后的频带能量，经过多传感器数据融合后作为特征向量，输入到多分类的支持向量机中，实现了结构多损伤的识别和定位。应用该方法对 Benchmark 模型进行了分析，结果表明，小波包分解频带能量能够较好地反映结构的损伤特征。多传感器数据融合能够使不同传感器的信息相互补充，减小了损伤检测信息的不确定性，提高了损伤诊断准确率[117]。柳春光等通过一个简支梁的数值模拟，根据小波奇异性检测原理，利用两种方法对梁的损伤进行诊断，提出了利用 Gaus1 小波进行梁结构的损伤诊断方法。首先利用 Gaus1 小波对转角进行小波变换，对简支梁结构的振型求一阶导数得到转角，再确定损伤位置、损伤程度与 Lipschitz 指数的关系，并与利用 Gaus2 小波对振型直接进行小波变换的方法进行比较研究，发现第一种方法在损伤定位、模极大值线的求取方面比后者优越[118]。

1.2.4 基于数字图像处理技术的结构损伤识别方法

数字图像处理(Digital Image Processing)又称为计算机图像处理,它是指将图像信号转换成数字信号,并利用计算机对其进行去除噪声、增强、复原、分割、提取特征等处理的方法和技术[119]。数字图像处理最早出现于 20 世纪 50 年代,当时的电子计算机已经发展到一定水平,人们开始利用计算机来处理图形和图像信息。数字图像处理作为一门学科大约形成于 20 世纪 60 年代初期。早期的图像处理的目的是改善图像的质量,它以人为对象,以改善人的视觉效果为目的,其输入输出都为图像。1964 年美国加利福尼亚的喷气推进实验室(JPL)的研究者们对航天探测器"徘徊者 7 号"在 1964 年发回的几千张月球照片使用了图像处理技术,并由计算机成功地绘制出月球表面地图,使得图像处理技术首次获得了成功应用。随后又对探测飞船发回的近十万张照片进行更为复杂的图像处理,以致获得了月球的地形图、彩色图及全景镶嵌图,获得了非凡的成果,为人类登月创举奠定了坚实的基础,也推动了数字图像处理这门科学的发展。1972 年英国 EMI 公司工程师 Hounsfield 发明了用于头颅诊断的 X 射线计算机断层摄影技术——CT 技术(Computer Tomograph)。其基本方法是根据人头部截面的投影,经计算机处理来重建截面图像[120]。1975 年 EMI 公司又成功研制出全身用的 CT 装置,获得了人体各个部位鲜明清晰的断层图像。与此同时,图像处理技术在航空航天、生物医学工程、工业检测、机器视觉等许多应用领域受到广泛重视,并取得了重大成就。近年来,随着计算机和其他相关领域的迅速发展,数字图像处理已从一个专门的研究领域变成了科学研究和人机界面中的一种普遍应用的监控工具,在路况状态及车辆情况监控[121−122]、钢铁质量在线自动监控[123]、机床刀具状态监控[124−125]、电气设备的质量控制检查[126]、半导体元件的自动缺陷分类[127]以及结构损伤识别[128]等领域中得到了广泛应用。

Kassim 等基于计算机视觉、分形分析法和隐式马可夫模型(Hidden Markov Model,HMM)开发出端铣过程刀具磨损实时监控系统。用分形分析法分析了端铣工件表面图像纹理的分形特征,并结合隐式马可夫模型成功预测铣刀四个层次的磨损程度[129]。在参考文献[122]中,Poudel 等将视频图像处理技术用于结构的损伤识别。①基于次级像素边界识别技术,提出了用高分辨率数字视频图像测量结构振动的理论;②分析系列图像的振动时间序列信号,获得结构损伤前后的阵型差函数,结合小波分析法成功识别了简支梁上的裂纹缺陷的深度和位置。程万胜研究了基于视觉图像处理技术的钢板表面缺陷检测技术,并研制了具有图像预处理功能的完全硬件化高速线阵缺陷采集器,实现了采集器采集图像的同时自动识别缺陷信息;针对系统成像模型,从静态和动态两种状态分别对系统采集结果中图像坐标和目标坐标进行了标定研究,较正了系统畸变误差,采用二维最大类间方差法和粒子群优化算法对缺陷图像进行了分割处理[130]。毛磊等用数字图像处理技术检测钢丝绳表面缺陷。首先对在役钢丝绳图像进行预处理,以减小或消除噪声的影响,然后提取图像的纹理特征值——熵和平滑度,通过线性分类器来判断钢丝绳表面是否有断丝或锈蚀等缺陷[131]。

1.3　结构损伤识别方法存在的问题

结构损伤识别方法是目前国内外学术界和工程界关注的热点。无论在理论研究还是在实际应用研究中都取得了很大的进步,但仍然存在很多问题需要进一步研究和解决。主要表现在以下几个方面:

(1)现有基于振动特性的结构损伤识别方法通常只适用于简单结构,由于实际工程结构的复杂性及测试的困难,常见的理论方法很难用于实际工程结构,特别是大型复杂结构。

(2)健康监测系统需要传感器的数目多。硬件系统庞大,难以长期稳定可靠地运行,系统正常运行所需的维护保障费用高。

(3)诊断方法对结构的理论模型依赖性较强。然而,实际结构的真实模型很难确定,通常基于频率等整体参数的模型修正方法对于损伤识别的敏感性较差,无法用于在线监测。

(4)结构测试噪声的存在不可避免。损伤识别过程的鲁棒性和不稳定性使得结构损伤很难应用于实际结构的损伤诊断。

1.4　本书主要研究内容

综合国内外相关技术的研究,可以看出,虽然国内外学者在结构的损伤识别领域开展了卓有成效的研究工作,但基本上还处在理论研究阶段,成功应用于实际工程结构健康监测的很少。主要是由于实际工程结构动力响应观测时环境的影响、测量噪声、模型误差、及激振源等的不确定性。

结合国内外在结构健康监测领域的研究情况,本书以塔式起重机钢结构为研究对象,以实现塔机钢结构损伤的在线监测为目的。以期采用尽可能少的传感器获得结构微观损伤的宏观表征。从研究塔机塔身顶端倾角特征模型入手,建立了塔身钢结构完好状态诊断的时序刚度距模型;系统研究了基于支持向量机和位移变化率的塔机钢结构损伤诊断方法;并开发了塔机综合监测系统。具体研究工作如下:

(1)塔机塔身顶端倾角模型研究。通过分析塔机塔身受力模型,推导正常状态下塔身顶端倾角特征模型。在正常状态塔身顶端倾角特征模型的基础上,分析正常空载状态下塔身顶端倾角特征模型以及塔身钢结构损伤状态下顶端倾角特征模型;建立在空载状态下塔身钢结构损伤方位判断的倾角特征模型,设计该模型的实现算法。通过实验验证所建模型的正确性。

(2)基于时间序列分析的塔机钢结构完好状态诊断研究。在时序分析理论的基础上,根据塔机正常状态、塔身顶端倾角特征模型,建立塔机钢结构完好状态识别的时序刚度距模型,以实现塔机钢结构损伤、严重超载以及违规操作等情况的识别。通过塔机钢结构完好状态、严重超载、螺栓松动以及地基不均匀沉降情况下测得的塔身顶端倾角值,验证所建模型的正确性。

(3)基于支持向量机的塔机钢结构损伤诊断研究。在统计学习理论和支持向量机理论的基础上,研究基于位移变化率和支持向量机的塔机钢结构损伤识别方法。提出位移变化率的计算模型。将位移变化率作为支持向量机的输入量,进行训练和分类检验,对塔机的塔身钢结构损伤进行诊断。

(4)塔机钢结构损伤诊断的实验研究。通过对采用高强螺栓连接的两个塔身标准节用主弦杆(主肢)进行损伤实验以及工地现场塔机整机实验,验证采用倾角测量传感器测得的塔身顶端倾角值作为特征量,用于塔机钢结构的损伤识别的可行性;并验证基于位移变化率和支持向量机的塔机钢结构损伤诊断方法的有效性。

(5)塔机综合监测系统设计与开发。根据塔机综合监测系统的功能要求和服务对象的不同需求,研究设计能够实现监测数据的实时自动采集和远程传输,集结构监测、健康诊断、管理评估于一体的塔机综合监测系统;开发具有较强数据管理功能、能够实现结果可视化、操作平台界面友好的系统管理软件。

第2章　塔式起重机塔身顶端倾角模型研究

2.1　引言

塔式起重机属于大型起重运输机械,由钢结构、机构及其他装置组成。工作过程中,塔机钢结构损伤、违规使用(如超载、斜拉猛放等)、地基沉降以及机构故障等均能造成塔机故障,甚至可能引起重大事故。有众多的因素和环节对塔机正常工作状态有影响。如何判断塔机钢结构是否处于完好状态,塔机工作时是否处于正常状态等问题一直是困扰塔机业主和管理者的难题。在以往对塔机结构健康监测的研究中,研究者们曾试图以固有频率、形变、应力等特征量建立塔机寿命模型,这些模型有利于对塔机钢结构的寿命预测,但对于判断塔机是否处于正常工作状态意义不大。建立塔机正常工作状态的特征模型,进而建立塔机各种故障状态的特征模型,逐步实现对塔机损伤状态的诊断是可行的思路之一。

对已经发生的塔机事故进行分析可知,绝大部分塔机事故具有事前征兆。如果能及时判断塔机使用过程的钢结构状态、是否违规使用、地基是否发生沉降等,就可以事先发现事故隐患,采取适当措施,避免事故发生。

塔机在使用过程中,其所受起重荷载、风载、塔机的安装精度,以及塔机的运行加速度等因素对塔身顶端倾角均有响应。本章系统研究了塔机塔身顶端倾角(塔身顶端端点相对于铅垂线的夹角)在正常状态和塔身钢结构损伤状态下的不同表现特征,建立了正常状态塔身顶端倾角特征模型和空载损伤状态下塔身顶端倾角特征模型;并对塔身钢结构损伤状态下塔身顶端倾角模型特征进行了分析,以此为基础建立了塔身钢结构损伤方位判断的倾角特征模型;研究了该模型的实现算法;通过实验验证了所建模型的正确性。本章所建模型便于实现实时控制,可以作为一种控制模型使用。同时,也为后续基于时间序列分析的塔机钢结构完好状态诊断研究做了理论铺垫。

2.2　塔机钢结构完好状态定义和损伤状态分类

对塔机钢结构进行健康监测时,需要将其分为两种状态:完好状态和不完好状态,以便于实现在线损伤诊断和预警。为此,我们将塔机钢结构完好状态定义为：塔机钢结构损伤可以忽略不计的状态，即塔机塔身钢结构可以看作为一个均质弹性体，每一节塔身标准节均完好无损伤，且两两标准节之间连接紧密无松动，此状态下其塔身钢结构为完好状态，否则为不完好状态。

随着塔机钢结构使用时间的增加和承载次数的增多，必然会引起钢结构局部的损伤，或者加大钢结构原有损伤的程度，所以，塔机钢结构完好状态的研究，首先要研究钢结构的损伤程度。在此，我们将塔机钢结构的损伤程度（不完好状态）分为轻微损伤、中等损伤和严重损伤。对应损伤程度塔机钢结构的损伤（不完好状态）报警可分为危险报警（严重损伤）、损伤报警（中等损伤）和损伤修复提示（轻微损伤）。塔机钢结构损伤状态分类如图 2-1 所示。

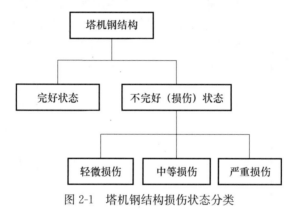

图 2-1　塔机钢结构损伤状态分类

2.3　塔机工况

塔机在运行使用过程中可以分为空载、吊载、启制动三种工况；每一种工况又可分为变幅、回转、起升三种工作状态；运行过程中环境因素可分为有风和无风两种情况。工况组合见表 2-1。

表 2-1　塔机工况

工况	工作状态	环境因素	工况组合
空载	变幅 回转 起升	有风或 无风	空载变幅（有风或无风） 空载回转（有风或无风） 空载起升（有风或无风）
吊载			吊载变幅（有风或无风） 吊载回转（有风或无风） 吊载起升（有风或无风）
启制动			起升启制动（有风或无风） 回转启制动（有风或无风） 变幅启制动（有风或无风）

2.4　塔机正常状态力学模型及坐标系的建立

2.4.1　塔机正常状态力学模型

塔机的正常状态包括正常工作状态和非正常工作(空载)状态两种情况。

塔机塔身上部连接回转支承、回转塔身、司机室、起重臂、平衡臂、塔帽、顶升套架、回转机构、变幅机构、起升机构以及拉索(杆)、钢丝绳等附着物;起重载荷由吊钩悬挂在变幅小车上。塔身上部相对塔身产生一个指向地心的正压力 F 和由于偏心造成的弯矩 M。如果将塔身看作一个均质弹性体,在正常状态下,塔身因弯矩 M 的作用将发生弯曲形变。假设塔身顶端在水平方向上的位移为 S,塔身顶端倾角为 θ,建立力学模型如图 2-2 所示,其变形后的情况如图 2-3 所示。

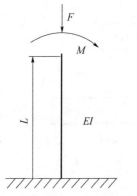

图 2-2　塔机正常状态力学模型简图

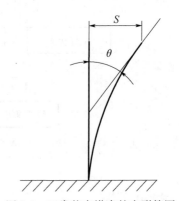

图 2-3　正常状态塔身的变形简图

根据图 2-2 与图 2-3 可推导出塔身顶端倾角与其所受弯矩的关系式为

$$\theta = \frac{ML}{EI} \tag{2-1}$$

式中　M——塔身顶端端点所受的弯矩;

　　　L——塔身的高度;

　　　E——塔身材料的弹性模量;

　　　I——塔身截面惯性矩。

塔机塔身钢结构处于完好状态,基础未发生不均匀沉降时,正常工作状态下,塔身与基础的受力及变形如图 2-4 所示。图中,F_v 为作用在基础上的垂直载荷,F_g 为塔机混凝土基础的重力,F_h 为作用在基础上的风荷载等其他水平载荷,S 为塔身顶端在 x' 方向的水平位移,θ 为塔身顶端倾角,b 为塔机基础宽度。

2.4.2　塔机工作状态坐标系的建立

塔机在受力不变的情况下,其回转支承以上部分在回转机构驱动下进行 360°

回转运动时,塔机顶部的塔帽、起重臂、平衡臂以及其起重载荷等将随回转支承做
360°旋转,从而使塔身顶端载荷(力和力矩)也随回转支承做 360°旋转。为此,设定
两个坐标系:一个坐标系其原点 O 为塔身在地面固定截面的中心点,坐标轴 x 的
正方向为地面北向,坐标轴 y 的正方向为地面西向,坐标轴 z 的正方向为垂直于
地面向上;另一个坐标系原点 O' 为塔身顶端回转支承回转平面与过 O 点,且垂直
于地面的直线的交点,坐标轴 x' 的正方向为起重臂轴线远离塔身方向(幅度增大
方向),坐标轴 z' 的正方向为垂直于地面向上,坐标轴 y' 的正方向为垂直于起重
臂轴线且与 x'、z' 轴符合右手螺旋法则,O 与 O' 连线永远垂直于地面[132,133]。两坐
标系如图 2-5 所示。

在 $O'x'y'z'$ 坐标系的 $O'x'y'$ 平面中,塔身顶端在外荷载等因素作用下产生的
相对于 OO' 的倾斜角将表现为一个点,在本章中将该点定义为塔身顶端倾角点,
该点在 x' 坐标方向上的分量可近似认为塔身顶端相对于 $O'y'z'$ 的倾角 $\theta_{x'}$,其 y'
坐标方向上的分量可近似认为塔身顶端相对于 $O'x'z'$ 的倾角 $\theta_{y'}$。后续研究中没
有特殊说明,均在 $O'x'y'z'$ 坐标系中进行。

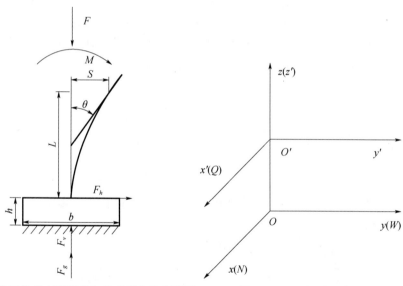

图 2-4　正常工作状态下塔身与基础受力及变形图　　　图 2-5　两坐标系示意图

2.5　正常状态下塔身顶端倾角特征模型的建立

塔机在正常使用过程中,塔身倾角主要由起升载荷、平衡重以及风载荷等外
力所产生的弯矩造成;其次,还包括由于制造误差、安装误差、违规使用等因素引
起的塔身顶端倾角。

2.5.1 塔身材料的不均匀性

假设塔机在 360°的回转方向上所受的弯矩保持不变，塔机高度 L 保持不变，只考虑塔机回转时各个方向上由于材料的不均匀性而造成的弹性模量 E 及惯性矩 I 所产生的变化。假设由于材料的不均匀性导致 E、I 在 360°方向上呈正态分布，正态分布的参数分别为 (μ_E, σ_E)、(μ_I, σ_I)。其中，σ_E、σ_I 分别为塔身材料弹性模量和惯性矩的标准差；μ_E、μ_I 分别为塔身材料弹性模量和惯性矩的均值。

由三倍标准差原理可知，塔身大于 97％的 E 分布在 $(\mu_E - 3\sigma_E, \mu_E + 3\sigma_E)$ 的范围之内，大于 97％的 I 分布在 $(\mu_I - 3\sigma_I, \mu_I + 3\sigma_I)$ 的范围之内。根据小概率事件实际不可能性原理，取 M_1 作为 E 的实际可能的取值区间，取 $(\mu_I - 3\sigma_I, \mu_I + 3\sigma_I)$ 作为 I 的实际可能的取值区间，则 $E_{\min} = \mu_E - 3\sigma_E$，$E_{\max} = \mu_E + 3\sigma_E$；$I_{\min} = \mu_I - 3\sigma_I$，$I_{\max} = \mu_I + 3\sigma_I$。

2.5.2 正常状态下塔身顶端倾角范围的确定

1. 正常工作状态下塔身顶端倾角范围

在正常工作状态下，塔身顶端所受的弯矩 M 主要由起升载荷、平衡重及其作用位置确定。为求得倾角的极限值，取最恶劣工况，即风载荷造成的弯矩方向与弯矩 M 方向一致，均在沿 x' 方向上。塔式起重机设计规范 GB/T 13752 规定塔机抗倾翻稳定性应满足公式(2-2)得

$$\frac{M + F_h \times h}{F_v + F_g} \leqslant \frac{b}{3} \qquad (2\text{-}2)$$

由公式(2-2)可求得塔机正常工作时弯矩 M 为

$$M \leqslant \frac{b}{3}(F_v + F_g) - F_h \times h \qquad (2\text{-}3)$$

由式(2-1)、式(2-3)可以求出塔机正常工作状态时塔身顶端倾角 θ 的取值范围，见式(2-4)。

$$\frac{\frac{b}{3}(F_v + F_g) - F_h \times h}{(\mu_E + 3\sigma_E)(\mu_I + 3\sigma_I)} \times L \leqslant \theta \leqslant \frac{\frac{b}{3}(F_v + F_g) - F_h \times h}{(\mu_E - 3\sigma_E)(\mu_I - 3\sigma_I)} \times L \qquad (2\text{-}4)$$

2. 正常非工作(空载)状态下塔身顶端倾角范围

在空载状态下，塔身主要受平衡重造成的弯矩 M_1 作用，弯矩方向指向平衡臂。为求得倾角的极限值，取最恶劣工况，即风载荷所造成的弯矩与平衡重造成的弯矩方向一致。倾角 θ 的计算方法与正常工作状态下相同，倾角方向与式(2-4)中的 θ 的方向相反，设 F_{v1} 为此时塔机基础以上部分的自重反力，可得

$$\frac{\frac{b}{3}(F_{v1} + F_g) - F_h \times h}{(\mu_E + 3\sigma_E)(\mu_I + 3\sigma_I)} \times L \leqslant \theta \leqslant \frac{\frac{b}{3}(F_{v1} + F_g) - F_h \times h}{(\mu_E - 3\sigma_E)(\mu_I - 3\sigma_I)} \times L \qquad (2\text{-}5)$$

3. 正常状态下塔身顶端的倾角范围

由式(2-4)和式(2-5)可以求出正常状态下塔身顶端倾角的允许范围为

$$\theta_{\min} = \frac{\dfrac{b}{3}(F_{v1} + F_g) - F_h \times h}{(\mu_E + 3\sigma_E)(\mu_I + 3\sigma_I)} \times L \tag{2-6}$$

$$\theta_{\max} = \frac{\dfrac{b}{3}(F_v + F_g) - F_h \times h}{(\mu_E - 3\sigma_E)(\mu_I - 3\sigma_I)} \times L \tag{2-7}$$

$$\theta_{\min} \leqslant \theta \leqslant \theta_{\max} \tag{2-8}$$

4. 风载荷及初始位移的影响

塔机在正常工作时,考虑风载荷的影响,在不同的工作时刻,风可能从各个方向吹来,塔机正常工作所能承受的风力具有最大值,设该最大值所造成的塔身顶端倾角为θ_0,并且该位移在各个方向上出现的概率均相等。

由于制造误差、安装误差等因素引起的塔机的初始倾斜,使得塔身在某一方向上有一个初始倾角θ_1,且一旦塔机安全完毕,该倾角方向保持不变。

可以肯定,塔机在任意方向上的塔身顶端倾角θ一定大于$\theta_0 + \theta_1$,即

$$\theta > \theta_0 + \theta_1 \tag{2-9}$$

式(2-8)是塔机整机稳定性判据,式(2-9)是由于各种误差和风载荷造成的塔身顶端倾角。要满足塔机的稳定性要求,必须有

$$|\theta_0 + \theta_1| < \min\left\{ \left| \frac{\dfrac{b}{3}(F_v + F_g) - F_h \times h}{(\mu_E - 3\sigma_E)(\mu_I - 3\sigma_I)} \times L \right| , \left| \frac{\dfrac{b}{3}(F_{v1} + F_g) - F_h \times h}{(\mu_E - 3\sigma_E)(\mu_I - 3\sigma_I)} \times L \right| \right\} \tag{2-10}$$

因此,风载荷及初始位移造成的塔身顶端倾角最大值可以由式(2-10)求得。

5. 正常状态下塔身顶端倾角特征模型

由式(2-1)、式(2-4)、式(2-5)、式(2-9)可知,当塔身为均质弹性体时,在$O'x'y'z'$坐标系中,其塔身顶端倾角在x',y'方向分别为:

$$\theta_{x'} = \theta_0 + \theta_1 + \frac{M_{x'} \cdot L}{(\mu_E - 3\sigma_E)(\mu_{I_{x'}} - 3\sigma_I)} \tag{2-11}$$

$$\theta_{y'} = \theta_0 + \theta_1 + \frac{M_{y'} \cdot L}{(\mu_E - 3\sigma_E)(\mu_{I_{y'}} - 3\sigma_I)} \tag{2-12}$$

式中 $M_{x'}$——塔身顶端所受弯矩在x'方向的分量;

$M_{y'}$——塔身顶端所受弯矩在y'方向的分量。

可以肯定,在正常工作状态下,$M_{x'} \gg M_{y'}$,所以,$\theta_{x'} \gg \theta_{y'}$。正常状态下的塔机顶端倾角范围为一个长为$L_{\theta x'} = \theta_{x'\max} - \theta_{x'\min}$(沿$x'$方向),宽为$L_{\theta y'} = 2\theta_{y'\max}$(沿$y'$方向)的矩形,且$L_{\theta x'} \gg L_{\theta y'}$。该矩形只与塔身自身特性($E$,$I$)、载荷($F_V$、$F_g$、$F_h$)、塔身综合初始倾角($\theta_0$,$\theta_1$)以及几何尺寸($L$,$b$)有关。如图 2-6 所示。

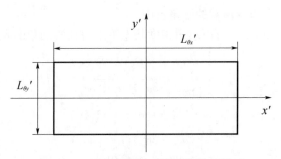

图 2-6　正常状态塔身顶端倾角特征模型

图 2-6 即为正常状态塔身顶端倾角特征模型（Tower－Body Top Inclination Feature Model，TBTIFM）。

2.6　塔身钢结构损伤状态下顶端倾角特征模型

2.6.1　正常空载状态塔身顶端倾角特征模型

正常空载状态下，塔身顶部主要承受平衡重和风载所造成的弯矩。

考虑塔身材料的不均匀性，在正常空载状态下，塔身顶端倾角 θ 的分布范围为

$$\theta_{x'\min} = -\theta_0 - \theta_1 + \frac{M_{Ix'}L}{(\mu_E + 3\sigma_E)(\mu_I + 3\sigma_I)} \tag{2-13}$$

$$\theta_{x'\max} = \theta_0 + \theta_1 + \frac{M_{Ix'}L}{(\mu_E - 3\sigma_E)(\mu_I - 3\sigma_I)} \tag{2-14}$$

$$\theta_{y'\min} = -\theta_0 - \theta_1 + \frac{M_{Iy'}L}{(\mu_E + 3\sigma_E)(\mu_I + 3\sigma_I)} \tag{2-15}$$

$$\theta_{y'\max} = \theta_0 + \theta_1 + \frac{M_{Iy'}L}{(\mu_E - 3\sigma_E)(\mu_I - 3\sigma_I)} \tag{2-16}$$

上式中 θ_0、θ_1 的负号代表其方向与平衡重引起的倾角方向相反。

在正常空载状态下，塔身顶端倾角范围为一个长为 $L_{\theta x'} = \theta_{x'\max} - \theta_{x'\min}$（沿 x' 方向），宽为 $L_{\theta y'} = \theta_{y'\max} - \theta_{y'\min}$（沿 y' 方向）的矩形，该矩形沿 x' 方向的长度比正常状态下小得多，如图 2-7 所示。

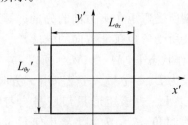

图 2-7　正常空载状态塔身顶端倾角特征模型

2.6.2　塔身钢结构损伤状态下顶端倾角特征模型

塔身钢结构损伤一般表现为标准节之间连接高强螺栓松动或钢结构裂纹。此时,出现损伤的部位承压能力与损伤前相比变化不大,但其承拉能力与损伤发生前相比减小。即当损伤部位受拉时,相当于该部位自身特性(E,I)减小。由式(2-1)可知,在塔身所受力矩M不变时,E、I减小,塔身顶端倾角将变大。所以,当塔身钢结构出现损伤时,塔身顶端倾角点将超出正常状态塔身顶端倾角模型范围,因此,有如下判断塔身钢结构损伤的模型:

空载状态时,塔身顶部所受弯矩主要由平衡重和风荷载造成的弯矩组成,在无风或微风时,塔机上部回转360°,起重臂在不同主肢上方时,有$M_{x'} \approx M_{y'}$,所以$\theta_{x'} \approx \theta_{y'}$。因此,在这种情况下,产生的塔身顶端倾角在$O'x'y'$平面内的外包络线为一近似正方形,如图2-8所示。

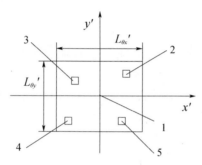

图2-8　塔身钢结构完好状态下空载塔身顶端倾角模型

图2-8中,1为塔身理论形心,2、3、4、5为当起重臂在塔身钢结构四个主肢上方时,塔身顶端倾角在$O'x'y'$平面内的当量点。

塔身钢结构在$O'x'y'$平面的截面中,每一个主肢代表一个约90°范围的方位。当某一主肢代表的方位出现损伤时,其塔身顶端倾角点必然落在图2-8所示的塔身顶端倾角模型外,如图2-9所示。

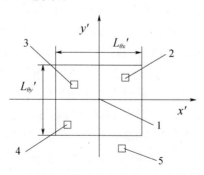

图2-9　空载状态塔身钢结构损伤倾角特征模型

综上所述,当空载时,出现图 2-9 中所示情况时,即可判断为对应方向上塔身钢结构出现损伤。

该方法因为以塔身顶端倾角为基础,故定义为空载状态塔身钢结构损伤倾角特征模型(Tower Body Top Inclination Feature Model in Steel Structural Damage Condition and No Loading Condition)。

观察图 2-8 和图 2-9,就塔身钢结构损伤前后塔身顶端倾角数据的外包络线而言,塔机空载状态塔身钢结构损伤倾角特征模型具有以下特点:

(1)塔身钢结构损伤后的当量倾角外包络线形成的矩形面积大于塔身钢结构损伤前的矩形面积。

(2)空载时,塔机上部回转过程中,当量倾角外包络线形状在塔身钢结构损伤前后发生变化。

(3)当量倾角外包络线质心偏离正常健康模型的倾角外包络线质心,且该偏离距离可测。

2.7 塔身钢结构损伤方位判断的实现算法

取样周期保证样本涵盖塔机回转一周的塔身顶端倾角。设样本数为 N,对某一特定塔机,正常状态(塔身钢结构未损伤)下,其塔身顶端倾角变化范围为长 $L_{\theta x'}$,宽 $L_{\theta y'}$ 的矩形,矩形面积 $A_w = L_{\theta x'} \cdot L_{\theta y'}$,如图 2-10 所示,$L_{\theta x'} = \overline{12} = \overline{34}$,$L_{\theta y'} = \overline{14} = \overline{23}$。在塔机上部载荷和起升高度不变,塔身完好无损情况下,设:up_flag=1 表示图 2-10 中点 5 处在 12 外侧,up_flag=0 表示图 2-10 中点 5 处在矩形内侧;bottom_flag=1 表示图 2-10 中点 5 处在 3、4 处外侧,bottom_flag=0 表示图 2-10 中点 5 处在矩形内侧;right_flag=1

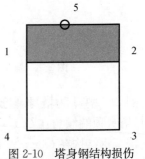

图 2-10 塔身钢结构损伤
方位判断模型

表示图 2-10 中点 5 处在 2、3 处外侧,right_flag=0 表示图 2-10 中点 5 处在矩形内侧;left_flag=1 表示图 2-10 中点 5 处在 14 外侧,left_flag=0 表示图 2-10 中点 5 处在矩形内侧。如果塔机上部结构回转 360°,up_flag、bottom_flag、right_flag 和 left_flag 中有任意一个由 0 变为 1,且之后在塔机上部回转过程中,每周均是该变量由 0 变为 1,则可判断该方向上塔身主肢出现了损伤。

以点 1234 为顶点的矩形为未损伤时塔身顶端倾角变化范围外接矩形,点 5 为塔身钢结构损伤后某一时刻塔身顶端倾角在 $O'x'y'z'$ 坐标系中的当量点。黄色区域为由于塔身钢结构损伤造成的塔身顶端倾角变化范围外接矩形增大部分的面积。

即对于塔身顶端倾角的当量点集 $P(\theta_{ix'}, \theta_{iy'}) \in \tilde{R}$ (塔机上部载荷不变时,回转一周的采样实测值归一化)$(i = 1, \cdots, N)$,如果某一特定塔机在正常状况下塔身顶端倾角变化范围外接矩形顶点为 $A(\theta_{Ax'}, \theta_{Ay'}), B(\theta_{Bx'}, \theta_{By'}), C(\theta_{Cx'}, \theta_{Cy'}), D(\theta_{Dx'}, \theta_{Dy'})$,有塔身钢结构损伤判别算法(Steel Structural Damage Judgment Algorithm of the Tower-Body, SDJATB)

(1)遍历 $P_i (i = 1, \cdots, N)$,记录空载状态下塔机上部回转 360° 外接矩形面积为 A_0

(2)如果 P_i 不在 $ABCD$ 矩形内,且在 AB 外侧,up_flag=1,slope_direction=up_flag

(3)如果 P_i 不在 $ABCD$ 矩形内,且在 CD 外侧,bottom_flag=1,slope_direction=bottom_flag

(4)如果 P_i 不在 $ABCD$ 矩形内,且在 BC 外侧,right_flag=1,slope_direction=right_flag

(5)如果 P_i 不在 $ABCD$ 矩形内,且在 AD 外侧,left_flag=1,slope_direction=left_flag

(6)遍历结束否? 是,转(7);否,转(1)

(7)up_flag,bottom_flag,right_flag,left_flag 有一个由 0 变为 1? 是,转(8),否,转(9)

(8)塔机上部空载回转 1 周,确认 up_flag、bottom_flag、right_flag、left_flag 至少有一个为 1? 是,可能出现塔身钢结构损伤,转(10)

(9)塔身钢结构完好,转(11)

(10)塔机上部空载回转 1 周,外接矩形面积与 A_0 比较变化是否超出阈值? 是,出现塔身钢结构损伤,body_flag=1,转(12);否,转(11)

(11)body_flag=0

(12)结束

2.8　实验验证

2.8.1　正常状态塔身顶端倾角特征模型验证

为了验证正常状态塔身顶端倾角特征模型,我们做了如下实验:取 QTZ315、QTZ63 两种常用塔机类型,共 4 个产品,分别在空载状态与额定载荷状态下,让塔机上部回转 360°,分 4 步完成,每步 90°,实际测量塔身顶端端点的水平倾角值。图 2-11 至图 2-14 是 QTZ315 及 QTZ63 塔机的塔身顶端倾角变化归一化后的数值图。

式(2-17)为测得的塔身顶端倾角数据归一化公式。

$$\begin{cases} \theta^0{}_{x'} = \dfrac{\theta_{x'} - \min(\theta_{x'})}{\max(\theta_{x'}) - \min(\theta_{x'})} \\[3mm] \theta^0{}_{y'} = \dfrac{\theta_{y'} - \min(\theta_{y'})}{\max(\theta_{y'}) - \min(\theta_{y'})} \end{cases} \tag{2-17}$$

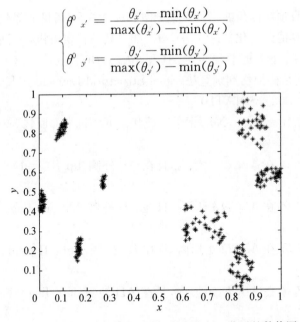

图 2-11　QTZ63－1 号塔机顶端倾角变化归一化后的数值图

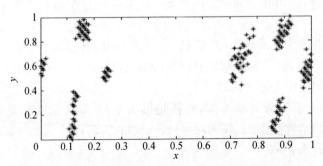

图 2-12　QTZ63－2 号塔机顶端倾角变化归一化后的数值图

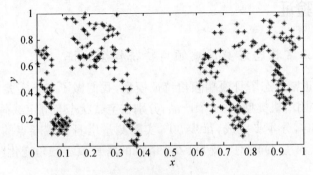

图 2-13　QTZ315－1 号塔机顶端倾角变化归一化后的数值图

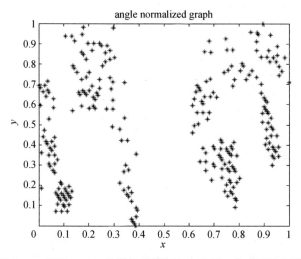

图 2-14　QTZ315－2 号塔机顶端倾角变化归一化后的数值图

从图 2-11～图 2-14 可以看出,塔身顶端倾角数据形成的包络线形状虽然不完全一样,但确实存在。额定载荷状态与空载状态数据分布清楚。由此,可以证明本章建立的图 2-6 所示正常状态塔身顶端倾角特征模型的有效性。

2.8.2　塔身钢结构损伤状态顶端倾角特征模型验证

为了验证塔身钢结构损伤状态顶端倾角特征模型,本章取模拟实验塔机模型为例,做了如下的实验:塔机分别处于正常状态及一个连接螺栓松动状态,让塔机上部空载回转 360°,分 4 步完成,每步 90°,实际测量塔身顶端倾角值。图 2-15 是塔身顶端倾角变化归一化后的数值图。

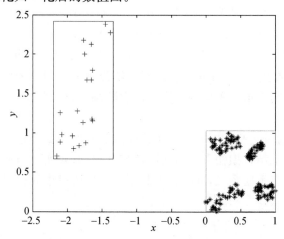

图 2-15　空载时实验塔机两种状态下顶端倾角变化归一化后的数值图

图 2-15 中,右边框内为实验模型塔机钢结构处于完好状态时倾角变化归一化的数据,左边框内为实验模型塔机钢结构一个螺栓松动时倾角变化归一化的数据。

从图 2-15 可以看出,钢结构处于正常状态时,空载情况下塔身顶端倾角特征模型为近似正方向;钢结构出现损伤(一个连接螺栓松动)时,塔身顶端倾角点处于正常状态顶端倾角特征模型之外,且具有方向性。因此,可以证明本章所推导的图 2-9 所示的空载状态塔身钢结构损伤倾角特征模型和图 2-10 所示的塔身钢结构损伤方位判断倾角特征模型的有效性。

2.9 本章小结

为了便于实现塔机钢结构的在线损伤诊断,本章将塔机钢结构的状态分为完好状态和不完好状态两种情况,并给出了塔机钢结构完好状态的定义;将塔机钢结构的损伤程度(不完好状态)分为轻微损伤、中等损伤和严重损伤,对应塔机钢结构的损伤程度将塔机健康监测预警分为危险报警(严重损伤)、损伤报警(中等损伤)和损伤修复提示(轻微损伤)。

为便于研究,根据塔机工作状态下塔身下部固定上部回转的特点,为塔机设定了两个坐标系:固定的 $Oxyz$ 坐标系和随塔机上部回转的 $O'x'y'z'$ 坐标系。

本章通过分析塔机塔身受力模型,推导出正常状态下塔身顶端倾角特征模型。在 $O'x'y'z'$ 坐标系中,正常状态下塔身顶端倾角特征模型为一矩形,矩形的长度和宽度可求,且仅与塔身自身特性(E, I)、载荷(F_v、F_g、F_h)、塔身综合初始倾角(θ_0, θ_1)以及几何尺寸(L, b)有关。

在正常状态塔身顶端倾角特征模型的基础上,分析并推导出正常空载状态塔身顶端倾角特征模型和塔身钢结构损伤状态顶端倾角特征模型。塔机正常空载状态下,起重臂在不同主肢上方时产生的塔身顶端倾角在 $O'x'y'$ 平面内的外包络线为一近似矩形,该矩形的宽度可求。当塔身某一主肢出现损伤,塔机空载回转时,其塔身顶端倾角必然落在正常空载状态塔身顶端倾角特征模型范围外,由此,建立了在空载状态下塔身钢结构损伤方位判断倾角特征模型,并设计了该模型的实现算法。

本章最后,通过实验数据验证了所建模型的有效性。本章所建塔身顶端倾角特征模型及塔身钢结构损伤方位判断倾角特征模型,对实现塔机塔身钢结构损伤在线自动监测具有重要意义,同时也为监测及预防塔机事故提供了一种简便易行的方法。

第3章 基于时间序列分析的塔机钢结构完好状态诊断研究

时间序列是数理统计学科的一个重要分支,时间序列分析主要是指采用参数模型(AR 模型、ARMA 模型等)对所观测到的有序随机数据进行分析和处理的一种数据处理方法[134]。1927 年,G. U. Yale 提出了时间序列的 AR 模型,用于预测。此后,逐步发展了 ARMA 模型、多维 ARMA 模型、非平稳时序模型、非线性时序模型等。应用领域和范围也日趋扩大,涉及天文、地理、物理、生物等自然科学领域,国民经济、市场经济、人口等社会经济领域,以及环境工程、医学工程、冶金工程、机械工程等工程机械领域。目前,时间序列的工程应用包括系统辨识和分析、模式识别(如工况监视、故障诊断等方面)、预测和控制等方面。

时间序列模型可以凝聚系统特性和系统工作状态的所有信息,可将大量的相应结构数据所蕴含的信息凝聚为少量的模型参数,具有很好的识别与诊断能力,并可依据它对系统的状态进行诊断和预测,对隐患进行早期诊断,其在结构故障诊断中的应用越来越广泛。

3.1 时间序列分析理论

3.1.1 时间序列模型

1. ARMA(n,m) 模型

对于平稳、正态、零均值的多元时间序列 $\{x_t\}$,若 x_t 的取值不仅与其前 n 步的各个取值 $x_{t-1}, x_{t-2}, \cdots, x_{t-n}$ 有关,而且还与前 m 步的各个干扰 $a_{t-1}, a_{t-2}, \cdots, a_{t-m}$ 有关 $(n,m = 1,2,\cdots)$,则可建立一般的 ARMA(n,m) 模型:

$$x_t = \sum_{i=1}^{n} \varphi_i x_{t-i} - \sum_{i=1}^{m} \theta_j a_{t-j} + a_t, \quad a_t \sim \text{NID}(0, \sigma_a^2) \quad (3\text{-}1)$$

上式表示一个 n 阶自回归(Autoregressive) m 阶滑动平移(Moving Average)模型,其中,$\varphi_i (i = 1,2,\cdots,n)$ 称为自回归参数、$\theta_j (j = 1,2,\cdots,m)$ 称为滑动平均参数;n,m 分别为自回归部分和滑动平移部分的阶次;序列 $\{a_t\}$ 称为残差序列,为白噪声。

2. AR(n) 模型

ARMA(n,m) 中,当 $\theta_j = 0$ 时,模型中没有滑动平均部分,称为 n 阶自回归模型,即 AR(n) 模型,其形式为

$$x_t = \sum_{i=1}^{n} \varphi_i x_{t-i} + a_t , \qquad a_t \sim \mathrm{NID}(0, \sigma_a^2) \qquad (3\text{-}2)$$

ARMA(n,m) 模型属于非线性回归模型,AR(n) 模型为线性回归模型。在对模型参数进行估计时,当模型为线性回归时,模型参数可以用最小二乘法估计,而若模型为非线性回归时,模型参数需用非线性最小二乘法或其他方法估计,计算过程复杂,计算工作量大,为此工程中 AR(n) 模型比 ARMA(n,m) 模型应用更广。为此,在后续进行的塔机钢结构完好状态诊断模型建立时我们选用了 AR(n)。

3. MA(m) 模型

在 ARMA(n,m) 中,当 $\varphi_i = 0$ 时,模型中没有自回归部分,称为 m 阶滑动平均模型,即 MA(m) 模型,其形式为

$$x_t = a_t - \sum_{j=1}^{m} \theta_j a_{t-j} , \qquad a_t \sim \mathrm{NID}(0, \sigma_a^2) \qquad (3\text{-}3)$$

4. ARMAV$(n,m;l)$ 模型

根据时间序列理论,对于 l 元平稳、正态、零均值的多元时间序列 $\{X_t\}$,$t = (1,2,\cdots,N,)$ 可以对 $\{X_t\}$ 建立 l 维 ARMAV$(n,m;l)$ 模型:

$$X_t = \sum_{i=1}^{n} \Phi_i X_{t-i} - \sum_{j=1}^{m} \Theta_j A_{t-j} + A_t \qquad (3\text{-}4)$$

式中　Φ_i、Θ_j——自回归参数矩阵和滑动平均参数矩阵,均为 l 阶方阵;

　　　n,m——ARMAV$(n,m;l)$ 模型中自回归部分和滑动平均部分的阶次;

　　　X_t,A_t——分别为 l 维随机向量。

公式(3—4)中各矩阵和向量的形式为:

$$X_t = \begin{bmatrix} x_{1t} \\ x_{2t} \\ \vdots \\ x_{lt} \end{bmatrix} \quad \Phi_i = \begin{bmatrix} \varphi_{11i} & \varphi_{12i} & \cdots & \varphi_{1li} \\ \varphi_{21i} & \varphi_{22i} & \cdots & \varphi_{2li} \\ \vdots & \vdots & & \vdots \\ \varphi_{11i} & \varphi_{12i} & \cdots & \varphi_{11i} \end{bmatrix}$$
$$\qquad (3\text{-}5)$$
$$A_t = \begin{bmatrix} a_{1t} \\ a_{2t} \\ \vdots \\ a_{lt} \end{bmatrix} \quad \Theta_j = \begin{bmatrix} \theta_{11j} & \theta_{12j} & \cdots & \theta_{1lj} \\ \theta_{21j} & \theta_{22j} & \cdots & \theta_{2lj} \\ \vdots & \vdots & & \vdots \\ \theta_{l1j} & \theta_{l2j} & \cdots & \theta_{llj} \end{bmatrix}$$

Φ_i 矩阵中主对角线上的元素反映了同一时序内部数据之间先后影响的线性关系,主对角线两边的元素则反映了不同时序数据之间相互影响的线性关系。

5. ARV$(n;l)$ 与 MA$(m;l)$ 模型

当 ARMAV$(n,m;l)$ 模型中 $\Theta_j = 0$(零矩阵)时,有 ARV$(n;l)$ 模型:

$$X_t = \sum_{i=1}^{n} \Phi_i X_{t-i} + A_t \qquad (3\text{-}6)$$

当 ARMAV$(n,m;l)$ 模型中 $\Phi_i = 0$(零矩阵)时,有 MA$(m;l)$ 模型:

$$X_t = A_t - \sum_{j=1}^{m} \Theta_j A_{t-j} \qquad (3\text{-}7)$$

3.1.2 时序模型的识别和检验

对于所观测的平稳时间序列如何确定一个合适的时序模型来表示涉及一系列相关问题,包括模型的定阶、模型参数估计、模型适合度检验。

3.1.2.1 时序模型识别

零均值平稳时序模型可根据序列的自相关系数 ρ_k 和偏自相关系数 φ_{kk} 的特性进行模型识别。

序列 $\{x_t\}$ 的 k 步自相关系数(估计值)可以根据以下公式计算:

$$\rho_k = \frac{\sum_{t=k+1}^{N} (x_t - \overline{\mu_x})(x_{t-k} - \overline{\mu_x})}{\sum_{t=k+1}^{N} (x_t - \overline{\mu_x})^2} \qquad (k = 0,1,2,\cdots) \tag{3-8}$$

式中, ρ_k 表示在 k 阶滞后时的自相关系数估计值。

偏自相关系数计算公式如下:

$$\varphi_{kk} = \begin{cases} \rho_1 & (k = 1) \\ \dfrac{\rho_k - \sum_{j=1}^{k-1} \varphi_{k-1,j}\rho_{k-j}}{1 - \sum_{j=1}^{k-1} \varphi_{k-1,j}\rho_{k-j}} & (k > 1) \end{cases} \tag{3-9}$$

(1)若序列 $\{x_t\}$ 的偏自相关系数 φ_{kk} 在 $k > n$ 以后截尾,即 $k > n$ 时, $\varphi_{kk} = 0$,而且它的自相关系数 ρ_k 拖尾,则序列为 AR(n) 序列。亦即对于 AR(n) 序列其偏自相关系数 φ_{kk} 有以下特性:

$$\varphi_{kk} = \begin{cases} \rho_1 & (k = 1) \\ \dfrac{\rho_k - \sum_{j=1}^{k-1} \varphi_{k-1,j}\rho_{k-j}}{1 - \sum_{j=1}^{k-1} \varphi_{k-1,j}\rho_{k-j}} & (k \leqslant n) \\ 0 & (k > n) \end{cases} \tag{3-10}$$

(2)若序列 $\{x_t\}$ 的自相关系数 ρ_k 在 $k > m$ 以后截尾,即 $k > m$ 时, $\rho_k = 0$,而且它的偏自相关系数 φ_{kk} 拖尾,则序列为 MA(m) 序列。亦即对于 MA(m) 序列其自相关系数 ρ_k 有以下特性:

$$\rho_k = \begin{cases} 1 & (k = 0) \\ \dfrac{\sum_{t=k+1}^{N} (x_t - \overline{\mu_x})(x_{t-k} - \overline{\mu_x})}{\sum_{t=k+1}^{N} (x_t - \overline{\mu_x})^2} & (k \leqslant m) \\ 0 & (k > m) \end{cases} \tag{3-11}$$

（3）若序列 $\{x_t\}$ 的自相关系数 ρ_k 和偏自相关系数 φ_{kk} 都呈拖尾形态，则序列为 ARMA (n,m) 序列。

（4）若序列 $\{x_t\}$ 的自相关系数 ρ_k 和偏自相关系数 φ_{kk} 不但都不截尾，而且至少有一个下降趋势缓慢或呈周期性衰减，则可以认为它也不是拖尾的，此时序列是非平稳序列，应先将其转化为平稳序列再进行模型识别。

由于在实际操作中，自相关系数和偏自相关系数是通过要识别序列的样本数据估计出来的，并且随着抽样的不同而不同，其估计值只能同理论上的大致趋势保持一致，并不能精确的相同。因此，在实际的模型识别中，自相关系数和偏自相关系数只能作为模型识别过程中的一个参考，并不能通过它们准确的识别模型的具体形式。具体的模型形式，还要通过自相关系数和偏自相关系数给出的信息，经过反复的试验及检验，最终选出各项统计指标均符合要求的模型形式。

3.1.2.2　模型参数的实时估计

对于工程系统的在线监控和故障诊断需要实现模型参数的在线实时估计，这就要求参数估计时每步计算量少，占用内存空间小，以便于采用单片机或微型计算机进行在线建模，并且在实时估计中不断采用系统输出的新数据，修改上一步建模得到的模型参数，实现模型参数的在线实时修改，以完成系统不断变化的近期行为的有效描述，这就可能用线性模型近似非线性模型，使用 AR 模型近似 ARMA 模型。

1. AR (n) 模型参数的最小二乘估计

AR (n) 模型线性方程组形式：

$$\begin{cases} x_{n+1} = \varphi_1 x_n + \varphi_2 x_{n-1} + \cdots + \varphi_n x_1 + a_{n+1} \\ x_{n+2} = \varphi_1 x_{n+1} + \varphi_2 x_n + \cdots + \varphi_n x_2 + a_{n+2} \\ \qquad\qquad\qquad \vdots \\ x_N = \varphi_1 x_{N-1} + \varphi_2 x_{N-2} + \cdots + \varphi_n x_{N-n} + a_N \end{cases} \tag{3-12}$$

用矩阵形式表示为

$$y = x\varphi + a \tag{3-13}$$

式中

$$\begin{cases} y = (x_{n+1}, x_{n+2}, \cdots, x_N)^{\mathrm{T}} \\ \varphi = (\varphi_1, \varphi_2, \cdots, \varphi_n)^{\mathrm{T}} \\ a = (a_{n+1}, a_{n+2}, \cdots, a_N)^{\mathrm{T}} \\ x = \begin{bmatrix} x_n & x_{n-2} & \cdots & x_1 \\ x_{n+1} & x_n & \ddots & x_2 \\ \vdots & \vdots & & \vdots \\ x_{N-1} & x_{N-2} & \cdots & x_{N-n} \end{bmatrix} \end{cases} \tag{3-14}$$

参数矩阵 φ 的最小二乘估计为

$$\hat{\varphi} = (x^{\mathrm{T}}x)^{-1}x^{\mathrm{T}}y \tag{3-15}$$

式中，角标 T 表示矩阵转置，$(x^{\mathrm{T}}x)^{-1}$ 表示该矩阵求逆。

由于

$$
x^{\mathrm{T}}x = \begin{bmatrix}
\sum\limits_{t=n}^{N-1}x_t^2 & \sum\limits_{t=n}^{N-1}x_t x_{t-1} & \cdots & \sum\limits_{t=n}^{N-1}x_t x_{t-n+1} \\
\sum\limits_{t=n}^{N-1}x_t x_{t-1} & \sum\limits_{t=n-1}^{N-2}x_t^2 & \cdots & \sum\limits_{t=n-1}^{N-2}x_t x_{t-n+2} \\
\vdots & \vdots & \ddots & \vdots \\
\sum\limits_{t=n}^{N-1}x_t x_{t-n+1} & \sum\limits_{t=n-1}^{N-2}x_t x_{t-n+2} & \cdots & \sum\limits_{t=n-1}^{N-n}x_t^2
\end{bmatrix}
$$

$$
= \sum_{t=n+1}^{N}\begin{bmatrix}
x_{t-1}^2 & x_{t-1}x_{t-2} & \cdots & x_{t-1}x_{t-n} \\
x_{t-2}x_{t-1} & x_{t-2}^2 & \cdots & x_{t-2}x_{t-n} \\
\vdots & \vdots & \ddots & \vdots \\
x_{t-m}x_{t-1} & x_{t-m}x_{t-2} & \cdots & x_{t-n}^2
\end{bmatrix} \tag{3-16}
$$

$$
\frac{x^{\mathrm{T}}x}{N-n} = \begin{bmatrix}
R_0 & R_1 & R_2 & \cdots & R_{n-1} \\
R_1 & R_0 & R_1 & \cdots & R_{n-2} \\
R_2 & R_1 & R_0 & \cdots & R_{n-3} \\
\vdots & \vdots & \vdots & \ddots & \vdots \\
R_{n-1} & R_{n-2} & \cdots & & R_0
\end{bmatrix} \tag{3-17}
$$

式中，R_k 为序列的自协方差函数。

$$
x^{\mathrm{T}}y = \begin{bmatrix}
\sum\limits_{t=n}^{N-1}x_t x_{t+1} \\
\sum\limits_{t=n-1}^{N-2}x_t x_{t+2} \\
\vdots \\
\sum\limits_{t=1}^{N-n}x_t x_{t+2}
\end{bmatrix} = \sum_{t=n+1}^{N}\begin{bmatrix}
x_{t-1}x_t \\
x_{t-2}x_t \\
\vdots \\
x_{t-n}x_t
\end{bmatrix} \tag{3-18}
$$

$$
\frac{x^{\mathrm{T}}y}{N-n} = \begin{bmatrix}
R_1 \\
R_2 \\
\vdots \\
R_n
\end{bmatrix} \tag{3-19}
$$

所以参数矩阵 φ 的最小二乘估计也可表示为

$$
\hat{\varphi} = \begin{bmatrix}
R_0 & R_1 & R_2 & \cdots & R_{n-1} \\
R_1 & R_0 & R_1 & \cdots & R_{n-2} \\
R_2 & R_1 & R_0 & \cdots & R_{n-3} \\
\vdots & \vdots & \vdots & \ddots & \vdots \\
R_{n-1} & R_{n-2} & \cdots & & R_0
\end{bmatrix}^{-1}\begin{bmatrix}
R_1 \\
R_2 \\
R_3 \\
\vdots \\
R_n
\end{bmatrix} \tag{3-20}
$$

2. 递推最小二乘法

设观测序列 $\{x_t\}(t=1,2,\cdots,N)$ 中有 N 个观测数据,将公式(3-13)改写成

$$\varphi_N = \hat{\varphi} = (X_N^{\mathrm{T}} X_N)^{-1} X_N^{\mathrm{T}} Y_N \tag{3-21}$$

式(3-21)表示序列 $\{x_t\}$ 基于 N 个数据的最小二乘估计式。

式中

$$\begin{cases} Y_N = y = \begin{bmatrix} x_{n+1} & x_{n+2} & \cdots & x_N \end{bmatrix}^{\mathrm{T}} \\ \varphi_N = \hat{\varphi} = \begin{bmatrix} \varphi_1 & \varphi_2 & \cdots & \varphi_n \end{bmatrix}^{\mathrm{T}} \\ X_N = x = \begin{bmatrix} x_{(1)} \\ x_{(2)} \\ \vdots \\ x_{(k)} \end{bmatrix} = \begin{bmatrix} x_n & x_{n-2} & \cdots & x_1 \\ x_{n+1} & x_n & \cdots & x_2 \\ \vdots & \vdots & \ddots & \vdots \\ x_{N-1} & x_{N-2} & \cdots & x_{N-n} \end{bmatrix} \end{cases} \tag{3-22}$$

令

$$P_N = (X_N^{\mathrm{T}} X_N)^{-1} \tag{3-23}$$

则有

$$\varphi_N = P_N X_N^{\mathrm{T}} Y_N \tag{3-24}$$

所以,序列 $\{x_t\}$ 基于 $N+1$ 个数据的最小二乘估计为

$$\begin{cases} \varphi_{N+1} = P_{N+1} X_{N+1}^{\mathrm{T}} Y_{N+1} \\ P_{N+1} = (X_{N+1}^{\mathrm{T}} X_{N+1})^{-1} \end{cases} \tag{3-25}$$

式中

$$\begin{cases} X_{N+1} = \begin{bmatrix} X_N \\ x_{k+1} \end{bmatrix} \\ Y_{N+1} = \begin{bmatrix} Y_N \\ x_{N+1} \end{bmatrix} \\ x_{(k+1)} = \begin{bmatrix} x_N & x_{N-1} & \cdots & x_{N-n+1} \end{bmatrix} \end{cases} \tag{3-26}$$

所以

$$X_{N+1}^{\mathrm{T}} Y_{N+1} = X_N^{\mathrm{T}} Y_N + x_{(k+1)}^{\mathrm{T}} x_{N+1} \tag{3-27}$$

$$P_{N+1} = (X_N^{\mathrm{T}} Y_N + x_{(k+1)}^{\mathrm{T}} x_{N+1})^{-1} = (P_N^{-1} + x_{(k+1)}^{\mathrm{T}} x_{N+1})^{-1} \tag{3-28}$$

$$P_{N+1} = \left(I - \frac{P_N x_{(k+1)}^{\mathrm{T}} x_{N+1}}{I + P_N x_{(k+1)}^{\mathrm{T}} x_{N+1}} \right) P_N \tag{3-29}$$

将式(3-27)和式(3-29)代入式(3-25)可得参数 φ_{N+1} 递推最小二乘估计:

$$\begin{aligned} \varphi_{N+1} &= \left(I - \frac{P_N x_{(k+1)}^{\mathrm{T}} x_{N+1}}{I + P_N x_{(k+1)}^{\mathrm{T}} x_{N+1}} \right) P_N (X_N^{\mathrm{T}} Y_N + x_{(k+1)}^{\mathrm{T}} x_{N+1}) \\ &= \left(I - \frac{P_N x_{(k+1)}^{\mathrm{T}} x_{N+1}}{I + P_N x_{(k+1)}^{\mathrm{T}} x_{N+1}} \right) P_N X_N^{\mathrm{T}} Y_N + \left(I - \frac{P_N x_{(k+1)}^{\mathrm{T}} x_{N+1}}{I + P_N x_{(k+1)}^{\mathrm{T}} x_{N+1}} \right) P_N x_{(k+1)}^{\mathrm{T}} x_{N+1} \\ &= \varphi_N - K_{N+1} x_{N+1} \varphi_N + \frac{P_N x_{(k+1)}^{\mathrm{T}}}{I + P_N x_{(k+1)}^{\mathrm{T}} x_{N+1}} x_{N+1} \end{aligned}$$

$$= \varphi_N - K_{N+1} x_{N+1} \varphi_N + K_{N+1} x_{N+1}$$
$$= \varphi_N + K_{N+1}(x_{N+1} - x_{N+1} \varphi_N) \tag{3-30}$$

式中

$$K_{N+1} = \frac{P_N x^T_{(k+1)}}{I + P_N x^T_{(k+1)} x_{N+1}} \tag{3-31}$$

由上述可以看出,在对模型参数进行新估计时使用的矩阵 X_{N+1}、Y_{N+1} 和 P_{N+1} 可以用 X_N、Y_N 和 P_N 递推估计,而在求 P_{N+1} 时只需进行矩阵乘法运算,不必求逆,相对于直接采用最小二乘法可大大缩小计算工作量。

3.1.2.3 时序模型检验准则

零均值平稳时序模型常用的适用性检验准则有白噪声检验准则、残差平方和(或)残差方差检验准则、Akaike 信息准则等。在此根据后续的需要简单介绍残差方差检验准则和 Akaike 信息准则中的 FPE 准则、AIC 准则、以及 BIC 准则。

1. 残差方差检验准则

残差方差检验准则通过判断高阶模型的残差方差是否较低阶模型残差方差有显著性下降来确定模型的适用性。当高阶模型的残差方差较低一阶模型的残差方差下降很少时,则认为该模型为实用模型。

残差方差的计算公式为

$$\hat{\sigma}_a^2 = \frac{1}{N-n} \sum_{t=n+1}^{N} \left(x_t - \sum_{i=1}^{n} \varphi_i x_{t-i} \right)^2 \tag{3-32}$$

式中　N——实际观测值个数;

　　　n——模型参数个数。

2. Akaike 信息准则

Akaike 信息准则在时序模型检验中应用广泛。其中 FPE 准则、AIC 准则以及 BIC 准则由赤池弘治分别于 1969 年、1973 年和 1976 年提出。

FPE 准则意为最终预测误差(Final Prediction Error)准则,只适用于 AR (n) 模型。准则函数为

$$\text{FPE}(n) = \frac{N+n}{N-n} \sigma_a^2 \tag{3-33}$$

FPE (n) 值最小时为适用模型。

AIC 准则意为信息准则(An Information Criterion)。准则函数为

$$\text{AIC}(n) = N \ln \hat{\sigma}_a^2 + 2n \tag{3-34}$$

准则函数达到极小值时为适用模型。

BIC 准则函数为

$$\text{BIC}(n) = N \ln \hat{\sigma}_a^2 + n \ln N \tag{3-35}$$

准则函数达到极小值时为适用模型。

3.2 时序分析法状态识别与故障诊断流程

3.2.1 时序分析法识别与诊断内容

利用时序分析法进行状态识别与故障诊断一般应解决以下五个问题[135]：

(1)形成模式向量：

根据实际系统的特点选择时序模型中能够表征系统状态的参数，形成模式向量。

(2)提取特征量：

根据模式向量中各参数的重要性的不同，通过适当的变换，选择较少的参数形成特征量。

(3)构造判别函数：

利用时序模型参数构造所需的判别函数，实现状态识别与故障诊断。

(4)确定阈值：

根据系统状态的变化情况，合理确定能将系统状态分类的阈值。

(5)采用合适的快速算法：

状态识别和故障诊断往往需在线实时进行，需及时快速地判断系统的状态、识别故障征兆。因此，整个诊断流程（信号采集、判别函数值计算、状态识别与诊断等）的计算速度至关重要。

3.2.2 时序分析法识别与诊断流程

无论采用何种时序模型进行结构的状态识别或故障诊断，一般都要完成如图3-3所示的步骤。

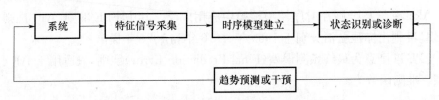

图 3-3 时序方法状态识别与诊断流程

(1)特征信号的采集：

采集系统工作过程的各类特征信号，如振动、位移、温度、噪声等。

(2)时序模型的建立：

根据系统特点，选择适当的时序模型，确定模型阶数、计算模型参数或提取特征量，模型适用性检验。

(3)构造判别函数进行状态识别或故障诊断：

依据模型参数或特征量构造判别函数，实现完好状态与异常状态的区分，以及异常状态故障类型的判断。

(4)趋势预测和干预:

进一步研究系统特性,对系统的发展趋势进行估计和预测,采取适当的措施进行干预。

3.3 时序模型的距离判别函数

设 $G_R(R=1,2,\cdots,n)$ 为参考总体,φ_T 为待检模式向量,时序模型的距离判别函数就是用于度量待检模式向量 φ_T 与各参考总体之间的距离,φ_T 属于距离短的那一个总体。

3.3.1 Euclide 距离判别

在 n 维空间(Euclide 空间)中的任意两点 $X=[x_1,x_2,\cdots,x_n]^T$ 和 $Y=[y_1,y_2,\cdots,y_n]^T$ 之间的 Euclide 距离 $D_E^2(X,Y)$ 定义为该两点坐标差的平方和,即

$$D^2(X,Y)=\sum_{i=1}^{n}(x_i-y_i)^2=(X-Y)^T(X-Y) \tag{3-36}$$

定义以均值向量为参考模式向量 $\varphi_R=[\varphi_{1,R} \quad \varphi_{2,R} \quad \cdots \quad \varphi_{n,R}]^T$ 的参考总体 G_R 与待检点 $\varphi_T=[\varphi_{1,T} \quad \varphi_{2,T} \quad \cdots \quad \varphi_{n,T}]^T$ 之间的 Euclide 距离为

$$D_E^2(\varphi_T,G_R)=D_E^2(\varphi_T,\varphi_R)=\sum_{i=1}^{n}(\varphi_{i,T}-\varphi_{i,R})^2$$

$$D_E^2(\varphi_T,G_R)=(\varphi_T-\varphi_R)^T(\varphi_T-\varphi_R) \tag{3-37}$$

对于 L 个参考总体的判别问题,Euclide 距离判据为

$$\begin{cases} D_E^2(\varphi_T,\varphi_{R,j})=\min\{D_E^2(\varphi_T,\varphi_{R,i}), \quad (i=1,2,\cdots,L) \\ \varphi_T \in G_{Rj} \end{cases} \tag{3-38}$$

式中 $\varphi_{R,j}$——第 j 个参考模式向量;

G_{Rj}——第 j 个参考总体;

φ_T——属于 Euclide 距离最小的那一个参考总体。

Euclide 距离判别仅考虑了参考总体 G_R 的均值特性,未考虑 G_R 的其他特性。

3.3.2 Mahalanobis 距离判别

待检点 φ_T 与参考总体 G_R 的均值点 φ_R 之间的 Mahalanobis 距离函数定义为

$$D_{Mh}^2(\varphi_T,G_R)=D_{Mh}^2(\varphi_T,\varphi_R)=(\varphi_T-\varphi_R)^T C_R^{-1}(\varphi_T-\varphi_R) \tag{3-39}$$

式中

$$\varphi_R=\frac{1}{K}\sum_{j=1}^{K}\varphi_j \tag{3-40}$$

C_R 为参考总体 G_R 的协方差矩阵，即

$$C_R = \frac{1}{K} \sum_{j=1}^{K} (\varphi_j \varphi_j^{\mathrm{T}} - \varphi_R \varphi_R^{\mathrm{T}}) \tag{3-41}$$

或

$$C_R = \frac{\sigma_R^2}{N_R} r_R^{-1} \tag{3-42}$$

式中　　N_R ——参考时序 $\{x_t\}_R$ 的长度；

　　　　σ_R^2 ——参考时序 $\{x_t\}_R$ 的方差矩阵；

　　　　r_R ——参考时序 $\{x_t\}_R$ 的协方差矩阵。

将式(3—42)代入式(3—39)，得 Mahalanobis 距离函数的另一形式：

$$D_{Mh}^2(\varphi_T, G_R) = D_{Mh}^2(\varphi_T, \varphi_R) = \frac{N}{\sigma_R^2}(\varphi_T - \varphi_R)^{\mathrm{T}} r_R(\varphi_T - \varphi_R) \tag{3-43}$$

对于 L 个参考总体的判别问题，Mahalanobis 距离判据为

$$\begin{cases} D_{Mh}^2(\varphi_T, \varphi_{R,j}) = \min\{D_{Mh}^2(\varphi_T, \varphi_{R,i})\} \quad (i = 1, 2, \cdots, L) \\ \varphi_T \in G_{Rj} \end{cases} \tag{3-44}$$

φ_T 应属于 Mahalanobis 距离最小的那一个参考总体。

3.4　基于时序模型的塔机钢结构完好状态诊断刚度距模型的建立

本书第二章建立的塔机塔身顶端倾角特征模型是建立在塔机正常状态的基础上，此时塔机钢结构处于完好状态，基础无不均匀沉降，也无人为违规操作现象存在。塔机在实际运行使用过程中可能出现种种非正常情况，如地基出现不均匀沉降、起吊过程猛拉猛拽、回转打翻车、钢结构连接螺栓松动或出现裂纹等缺陷，在这些非正常情况中，除掉人为因素，塔机钢结构处于不完好状态(如连接螺栓松动或出现裂纹等缺陷，以及地基不均匀沉降等现象)是造成塔机重大事故的主要原因。因此，本章基于时间序列的基本理论及其距离判别函数的思想，主要研究塔机钢结构完好状态的时序诊断模型，为实现塔机钢结构在线健康监测进行理论准备。

3.4.1　塔机钢结构完好状态的判断准则

当塔机钢结构处于非完好状态时，如连接螺栓松动、裂纹等，表现在塔机上相当于该处材料的截面减少，刚度降低，也即材料的弹性模量 E 或惯性矩 I 的减少，根据第二章的分析可知，在塔机高度一定，所受荷载和作用不变，钢结构不完好状态时，塔身顶端倾角将比钢结构处于完好状态时增大，亦即塔机顶端倾角点将落在第二章建立的塔机正常状态顶端倾角模型(矩形)之外，如图 2-6 所示。

在进行塔机钢结构完好状态诊断时，我们可以根据塔身顶端倾角点是否落在

塔机正常状态顶端倾角模型(矩形)内进行完好状态判断。判断方法是:根据倾角点出界的个数或分布状态进行。根据 3σ 准则(显著性水平为 0.0027),当塔机钢结构处于完好状态时,大于 97% 的顶端倾角点落在塔机正常状态顶端倾角模型(矩形)内,如果大于等于 3% 的顶端倾角点落在塔机正常状态顶端倾角模型(矩形)外,则属于小概率事件。根据小概率事件实际不发生,若发生即可判断塔机钢结构处于非完好状态。因此,本章在建立塔机钢结构完好状态识别时序刚度距模型时,判断结构完好状态的准则为:连续 100 个计算的刚度距数据中有不多于 2 个数据超出控制阈值,判断为结构处于完好状态,否则为不完好状态。

3.4.2 塔机钢结构完好状态识别的时序刚度距模型

设塔机空载倾覆载荷为 M_K,吊载倾覆载荷为 M_L,最大风级为 W_F,空载时塔身顶端相对于 OO' 的倾角点为 $O_K(x_k, y_k)$;额定载荷时塔身顶端相对于 OO' 的倾角点为 $O_L(x_l, y_l)$;$O_X(x_t, y_t)$ 为塔机工作载荷为 M_x 时 t 时刻由倾角测量传感器测量得到的塔身顶端相对于 OO' 的实际倾角点数据;$O_{XT}(x_{xt}, y_{xt})$ 为塔机工作载荷为 M_x 时塔身顶端相对于 OO' 的理论倾角点,可由以下公式计算得到

$$O_{XT}(x_{xt}, y_{xt}) = \frac{M_x}{M_l}[O_L(x_l, y_l) - O_K(x_k, y_k)] + O_K(x_k, y_k) \qquad (3-45)$$

塔机正常使用时,$O_K(x_k, y_k)$,$O_L(x_l, y_l)$ 一定在塔身顶端倾角特征模型所确定的矩形内,且 O_X 一定在 $O_K O_L$ 的连线上。

在工作载荷与其他条件不变时,O_X 也可根据测量数据,建立 $AR(n)$ 时间序列模型进行预测,设预测的倾角点值为 $O_{XP}(x_{tp}, y_{tp})$,则

$$O_{XP}(x_{tp}, y_{tp}) = \sum_{i=1}^{n}(\varphi_{xi} x_{t-i}, \varphi_{yi} y_{t-i}) + a_t(x, y) \qquad (3-46)$$

如果塔机钢结构处于完好状态,且无地基不均匀沉降、超载和人员违规操作情况,塔机工作载荷为 M_x 时 t 时刻塔身顶端倾角实测值 $O_X(x_t, y_t)$ 与理论值 $O_{XT}(x_{xt}, y_{xt})$ 之间应该非常接近,且两点之间的距离一定小于正常状态塔身顶端倾角特征模型在 y' 方向长度的一半;并且,根据时序模型预测的塔身顶端倾角点 $O_{XP}(x_{tp}, y_{tp})$ 应分布在塔身顶端倾角实测点 $O_X(x_t, y_t)$ 周围,且两点之间的距离很小。因此可以构建时序刚度距函数:

$$D_0 = \sqrt{(x_t - x_{xt})^2 + (y_t - y_{xt})^2} \leqslant \frac{1}{2} L_{iy} \qquad (3-47)$$

并且

$$D_1 = \sqrt{(x_t - x_{tp})^2 + (y_t - y_{tp})^2} \leqslant \Delta_1 \qquad (3-48)$$

式中 Δ_1——为阈值,为一个较小的有理数。

若不等式(3-47)和不等式(3-48)成立,则可判定塔机钢结构处于完好状态,此时令 $d = 0$;否则为可能不完好状态,此时令 $d = 1$。这种可能不完好状态可能是

结构出现问题(如螺栓松动、地基沉降、钢结构裂纹等),也可能是严重超载,或者由于人员违规操作造成的。

3.4.3 严重超载状态识别的时序刚度距模型

在塔机钢结构处于完好状态、无地基不均匀沉降和人员违规操作情况,但塔机处于严重超载状态下,塔身顶端倾角点有如下特征:

(1)根据时序模型预测的塔身顶端倾角点 $O_{XP}(x_{tp}, y_{tp})$ 分布在塔身顶端倾角实测点 $O_X(x_t, y_t)$ 周围,且两点之间的距离很小。

(2)根据时序模型预测的塔身顶端倾角点 $O_{XP}(x_{tp}, y_{tp})$ 分布在理论倾角点 $O_{XT}(x_{xt}, y_{xt})$ 周围,且两点之间的距离很小。

(3) $(x_t - x_l)$, $(x_t - x_k)$ 均为正值。

因此可以构建时序刚度距函数:

$$D_3 = \sqrt{(x_{xt} - x_{tp})^2 + (y_{xt} - y_{tp})^2} \leqslant \Delta_2 \qquad (3-49)$$

式中 Δ_2——阈值,是一个较小的有理数。

$$D_4 = \text{sgn}[(x_t - x_l), (x_t - x_k)] \qquad (3-50)$$

其中, $\text{sgn}() = \begin{cases} 1 & (x_t - x_l), (x_t - x_k) \text{ 均大于 } 0 \\ 0 & \text{其他情况} \end{cases}$

若不等式(3-49)成立且 $D_4 = 1$,则可判定此时属于严重超载状态但塔身钢结构完好,此时令 $d_1 = 0$;否则为可能二级不完好状态,此时令 $d_1 = 1$。这种可能不完好状态出现的原因:可能是结构出现问题(如螺栓松动、地基不均匀沉降、钢结构裂纹等),也可能是由于人员违规操作(如回转打返车、斜拉斜拽等)。在排除人员违规操作后,即可确定为结构不完好。

3.4.4 人员违规操作识别的时序刚度距模型

根据工地现场情况统计,人员违规操作情况一般是在短时间内发生,所以,可以构建式(3-51)所示的时序距离函数来识别人员违规操作情况。

$$D_{0t} = kM_t D_{0(t-1)} + k_2 D_{0(t-2)} > \frac{1}{2} L_{iy} \qquad (3-51)$$

式中 $k = \begin{cases} \dfrac{k_1}{M_t} & 0 < M_t \leqslant M_L \text{(排除超载情况)}; \\ 1 & M_t = 0 \end{cases}$

k_1——有理数。

若不等式(3-51)成立,且时间持续 10s 以上(排除人员违规操作),则判断为钢结构不完好(如螺栓松动、地基不均匀沉降、钢结构裂纹等),而非人员违规操作,此时令 $d_2 = 1$;否则为人员违规操作,此时令 $d_2 = 0$。

3.4.5 模型的定阶和参数估计

式(3-51)建立的时序模型的阶次采用 Akaike 准则中的 AIC 准则确定,模型的参数估计则采用递推最小二乘估计算法,通过 MATLAB 程序实现。

3.5 模型验证

为了验证本章建立的时序刚度距模型,本书作者做了如下实验。采用模拟实验样机,分别测量塔机完好状态、严重超载状态、螺栓松动状态和地基不均匀沉降状态下塔身顶端倾角数值,并应用第二章公式(2-17)对数据进行归一化处理。

1. 完好状态实验数据

在塔身钢结构完好状态时,塔机在空载状态与额定载荷状态,让塔机上部回转 $360°$,分 4 步完成,每步 $90°$,实际测量塔身顶端端点的水平倾角值。图 3-2 是塔身顶端倾角变化归一化后的数值。

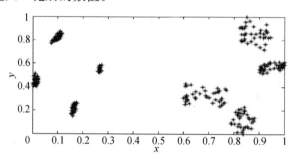

图 3-2 完好状态塔身顶端倾角归一化后的数值

2. 严重超载实验数据

在塔身钢结构完好状态时,塔机处于空载状态、额定载荷状态及严重超载状态,让塔机上部回转 $360°$,分 4 步完成,每步 $90°$,实际测量塔身顶端水平倾角值。图 3-3 是塔身顶端倾角变化归一化后的数值。

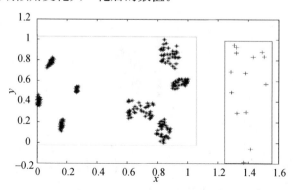

图 3-3 完好状态和严重超载状态塔身顶端倾角归一化后的数值

图 3-3 中，左边框内为完好状态空载与额定载荷下塔身顶端倾角归一化数据，右边框内为严重超载时塔身顶端倾角归一化数据。

3. 螺栓松动状态实验数据

① 塔身钢结构处于完好状态，塔机处于空载状态与额定载荷；② 塔机塔身标准节间一个连接螺栓未拧紧状态；让塔机上部回转 360°，分 4 步完成，每步 90°，实际测量塔身顶端端点的倾角值。图 3-4 为塔身顶端倾角变化归一化后的数值图。

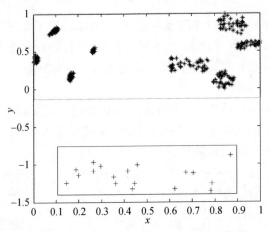

图 3-4　完好状态及螺栓松动状态塔身顶端倾角归一化后的数值

图 3-4 中，上边框内为正常工作载荷与额定载荷下塔身顶端倾角归一化数据，下边框内为一个螺栓松动后的塔身顶端倾角归一化数据。

4. 地基不均匀沉降实验数据

塔机分别处于正常工作状态及地基不均匀沉降状态，让塔机上部回转 360°，分 4 步完成，每步 90°，实际测量塔身顶端倾角值。图 3-5 是塔身顶端倾角变化归一化后的数值图。

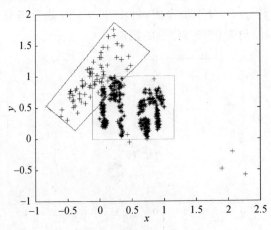

图 3-5　完好状态及地基不均匀沉降状态塔身顶端倾角归一化后的数值

图 3-5 中,正中框内为正常工作状态塔身顶端倾角归一化数据,左上边斜框内为地基不均匀沉降后的塔身顶端倾角归一化数据。

用完好状态的数据作为原始数据输入 Matlab 程序,为式(3-46)建立的时序模型定阶,并求出模型参数。分别将严重超载状态、螺栓松动状态和地基不均匀沉降状态下塔身顶端倾角数值输入到 Matlab 程序,显示结果:

严重超载状态:$d = 1$,$d_1 = 0$。

螺栓松动状态和地基不均匀沉降状态:$d = 1$,$d_1 = 1$,$d_2 = 1$。

由此可见,所建立的时序刚度距模型能正确识别出塔机钢结构的完好状态和不完好状态。

3.6　本章小结

本章介绍了时间序列的基本理论,阐述了基于时序分析模型对系统进行状态识别和故障诊断时的基本内容和流程。通过比较时序参数估计的最小二乘法及递推最小二乘法,认为递推最小二乘法较最小二乘法在计算过程中计算量小,占用内存小,更适合工程系统的在线状态识别与故障诊断。

根据第二章建立的塔机正常状态塔身顶端倾角特征模型,建立了塔机钢结构完好状态识别的时序刚度距模型、严重超载时序刚度距模型以及人员违规操作时序刚度距模型,编写了塔机钢结构完好状态诊断时序刚度距模型的 Matlab 程序。

通过塔机钢结构完好状态、严重超载、螺栓松动以及地基不均匀沉降情况下测得的塔身顶端倾角值,验证了所建模型的有效性。所建模型对实现塔机塔身钢结构在线健康监测具有重要意义。

第4章 基于支持向量机的塔机钢结构损伤诊断研究

完整的结构损伤状态诊断可分为5个层次:①确定结构是否发生损伤;②确定损伤位置;③确定损伤类型;④评估损伤程度;⑤预计结构的剩余使用寿命。即对结构损伤的定性、定位和定量以及结构安全的评估。目前,对于大型结构的在线损伤诊断,主要以前三个层次为主。对于大型工程结构,由于实际工程的振动模态实验进行困难,信号获取困难,测试信号受环境影响大,损伤特征提出困难。因此,基于振动特性的结构损伤诊断方法用于大型工程结构的损伤诊断存在局限性,也影响着损伤诊断方法的实际应用和发展。

判定结构是否发生损伤、确定损伤位置和类型,其实质是一个统计意义上的模式识别问题,也就是分类问题。目前应用较多的智能损伤诊断方法,如神经网络法、遗传算法等,均需要大量的数据样本和先验知识。如何选择一种适合小样本,具有良好推广性的损伤诊断方法用于结构的损伤诊断十分重要。

基于统计学习理论的支持向量机由于其目标是得到现有信息的最优解而不仅仅是样本趋于无穷大时的最优解。因而,从根本上解决了小样本条件下机器学习的问题。本章在系统介绍统计学习理论和支持向量机分类算法的基础上,研究了基于位移变化率和支持向量机的塔机钢结构损伤识别方法,为塔机钢结构在线损伤诊断提供了基本方法。

4.1 统计学习理论

传统的统计学所研究的是渐进理论,在样本数目趋于无穷大时,其性能才有理论上的保证。20世纪90年代,统计学习理论在基于经验风险的有关研究基础上发展成熟起来,它从理论上较系统地研究了经验风险最小化原则成立的条件、有限样本下经验风险与期望风险的关系、结构风险最小化原则的理论思想[136],为研究有限样本情况下的模式识别、函数拟合和概率密度估计等类型的机器学习问题提供了理论框架,同时也为模式识别发展了一种新的分类方法——支持向量机。

机器学习是现代智能技术中的一个重要方面,是从观测样本出发去分析对象,预测未来。机器学习的基本模型如图 4-1 所示。

一个系统的输出 y 与输入 x 之间存在一个未知的联合概率分布函数 $F(x, y)$。机器学习就是根据 n 个独立同分布观测样本:

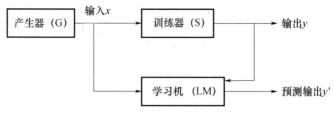

图 4-1　机器学习的基本模型

$$(x_1, y_1), (x_2, y_2), \cdots, (x_n, y_n) \tag{4-1}$$

在函数组 $\{f(x, \omega)\}$ 找到一个最优函数 $f(x, \omega_0)$ 使预测的期望风险 $R(w)$ 最小化。

$$R(\omega) = \int L[y, f(x, \omega)] \mathrm{d}F(x, y) \tag{4-2}$$

式中　$L[y, f(x, \omega)]$——损失函数，由于对 y 进行预测而造成的损失；

　　　　$\omega \in \Omega$——函数的广义参数，故 $\{f(x, \omega)\}$ 可表示任何函数集；

　　　　$F(x, y)$——联合分布函数。

要使期望风险 $R(w)$ 最小化，依赖概率分布函数 $F(x, y)$。但在机器学习中，只有样本信息，无法直接计算出期望风险并最小化期望风险。根据概率论中的大数定理，用算术平均代替数学期望，定义经验风险

$$R_{enp}(w) = \frac{1}{n} \sum_{i=1}^{n} L[y_i, f(x_i, \omega)] \tag{4-3}$$

来逼近期望风险 $R(w)$。$R_{enp}(w)$ 是用已知的训练样本（经验数据）定义的，这种求经验风险 $R_{enp}(w)$ 的最小值代替求期望风险 $R(w)$ 的最小值的方法，就是经验风险最小化（Empirical Risk Minimization，ERM）原则。模式识别中的分类器设计、函数拟合中的最小二乘法以及概率密度估计中的极大似然法都是在经验风险最小化原则下提出来的。

概率论中的大数定理只说明样本无限多时 $R_{enp}(w)$ 在概率意义上趋近于 $R(w)$，并不说明二者的 w 最小点为同一个点。而且客观上样本是总是有限的，在有限样本情况下，学习精度和推广性之间往往存在矛盾，采用复杂的学习机器可使误差减小，但推广性差。学习过程的一致性是指如果经验风险最小化方法能提供出一个函数序列 $\{f(x, \omega)\}$，使得 $R_{enp}(w)$ 和 $R(w)$ 都收敛于最小可能的风险值 $R(w_0)$，则这个经验风险最小化学习过程是一致的。图 4-2 为期望风险与经验风险之间关系示意图。经验风险最小化一致性的充要条件是经验风险在函数集上，如式（4-4）收敛于期望风险：

$$\lim_{n \to \infty} P[\sup_w | R(w) - R_{enp}(w) | > \varepsilon] = 0, \quad (\forall \varepsilon > 0) \tag{4-4}$$

式中　P——概率。

为了预测函数集是否能够满足一致性条件，统计学理论定义了一些指标来衡量函数集的性能，其中最重要的是 VC 维。VC 维的直观定义是：假设存在一个有

h 个样本的样本集,能被一个函数集中的函数按照所有可能的 2^h 种形式分为两类,则称此函数集能够把样本数为 h 的样本集打散。函数集的 VC 维就是它能够打散的最大样本数 (h)。学习过程一致性的充要条件是函数集的 VC 维有限。VC 维反应了学习机器的复杂程度,VC 维越高,学习机器越复杂,学习能力越强。

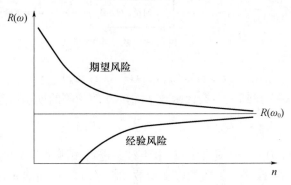

图 4-2 期望风险与经验风险之间关系示意图

经验风险最小化原则下学习机器的实际风险由两部分组成:

$$R(w) \leqslant R_{emp}(w) + \sqrt{\left[\frac{h\left[\ln\left(\frac{2n}{h}\right)+1\right]-\ln\left(\frac{\eta}{4}\right)}{n}\right]} = R_{emp}(w) + \Phi\left(\frac{n}{h}\right)$$

$$(4-5)$$

式中 $R_{emp}(w)$ ——训练样本的经验风险;

$\Phi\left(\dfrac{n}{h}\right)$ ——置信范围,是函数集的 VC 维 h 和样本数 n 的函数,受置信水平 $(1-\eta)$ 影响。

经验风险与期望风险之间差距的上界 $\Phi\left(\dfrac{n}{h}\right)$,反映了根据经验风险最小化原则得到的学习机器的推广能力,称为推广性的界。由式(4-5)可知,随着 $\dfrac{n}{h}$ 的增加,

$\Phi\left(\dfrac{n}{h}\right)$ 单调减少;当 $\dfrac{n}{h}$ 较小时,置信范围 $\Phi\left(\dfrac{n}{h}\right)$ 较大,用经验风险近似真实风险的误差大;若样本数 n 固定不变,VC 维越高,则置信范围越大,误差越大。因此,在设计分类器时,要使经验风险最小化,并且 VC 维尽量小,以实现期望风险最小化。

结构风险最小化(Structure Empirical Risk Minimization,SRM)的理论依据也是式(4-5)。通过选择经验风险与置信范围之和最小的子集,以实现期望风险最小,即把函数集 $S = \{f(x,w), w \in \Omega\}$ 分解为一个函数子集序列:

$$S_1 \subset S_2 \subset \cdots \subset S_k \subset \cdots \subset S \qquad (4-6)$$

各子集按 VC 维的大小排列:

$$h_1 \leqslant h_2 \leqslant \cdots \leqslant h_k \leqslant \cdots \qquad (4-7)$$

这样在同一个子集中置信范围相同,然后在每一个子集中寻找最小经验风险 $R_{emp}(w)$。通常它随函数集复杂度的增加而减少,在这个子集中使经验风险最小的函数就是所求的最优函数。如图 4-3 所示。

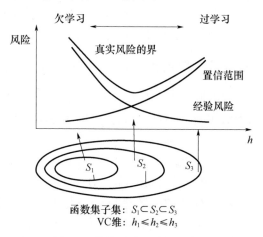

图 4-3 结构风险最小化示意图

4.2 支持向量机分类算法

支持向量机(Support Vector Machine,SVM)是建立在统计学习理论的 VC 维理论和结构风险最小原理基础上的,它以训练误差作为优化问题的约束条件,以置信范围值最小化作为优化目标,根据有限的样本信息在模型的复杂性和学习能力之间寻求最佳折衷,以期获得最好的推广能力。它在解决小样本、非线性及高维模式识别中表现出许多特有的优势。

支持向量机是从线性可分情况下的最优分类面发展而来的,基本思想可用图 4-4 的二维情况为例说明。

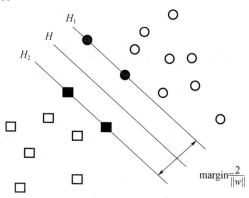

图 4-4 线性可分情况下的最优分类线

图中,正方形和圆圈代表两类样本,H 为分类线,H_1,H_2 分别为过各类样本中与分类线最近的样本且平行于分类线的直线,它们之间的距离叫做分类间隔(margin)。所谓最优分类线就是要求分类线不但能将两类正确分开(训练错误率为 0),而且使分类间隔最大。分类间隔最大实际上是使推广性的届的置信范围最小,以实现真实风险最小。推广到高维空间,最优分类线就变为最优分类面。

4.2.1 线性可分问题的最大间隔分类算法

设线性可分的训练样本集为 $T = \{(x_i, y_i)\}_{i=1}^n$,其中 $x_i \in R^n$ 为训练样本,$y_i = \{1, -1\}$ 为所对应的类别,由于问题线性可分,所以存在超平面(规范超平面):

$$\omega \cdot x + b = 0 \tag{4-8}$$

使得训练点中的正类输入和负类输入分别位于该超平面的两侧,所以构造判别函数:

$$f(x) = \text{sgn}[(\omega \cdot x) + b] \tag{4-9}$$

式中,sgn( ) 为符号函数。对判别函数进行归一化变换,使得两类样本都满足 $|f(x)| \geqslant 1$,即使得离分类面最近的样本 $|f(x)| = 1$,其表达式可表示为如下形式:

$$y_i[(\omega \cdot x_i) + b] - 1 \geqslant 0 \quad (i = 1, 2, \cdots, n) \tag{4-10}$$

由于训练集 T 对规范超平面的几何间隔为 $\dfrac{1}{\|\omega\|}$,所以,分类间隔就等于 $\dfrac{2}{\|\omega\|}$,使分类间隔最大等价于使 $\|\omega\|^2$ 最小。满足式(4—10)并且使 $\|\omega\|^2$ 最小的平面就是最优分类面,H_1 和 H_2 上的样本点就是支持向量。

上述最优分类面问题可以表示成如下约束问题:

$$\begin{cases} \min\varphi(\omega) = \dfrac{1}{2}\|\omega\|^2 \\ s.t. \quad y_i[(\omega \cdot x_i) + b] - 1 \geqslant 0 \end{cases} \tag{4-11}$$

根据最优化理论,为把上述问题转化为其对偶问题,首先引入 Lagrange 函数:

$$L(\omega, b, \alpha) = \frac{1}{2}\|\omega\|^2 - \sum_{i=1}^n \alpha_i\{y_i[(\omega \cdot x_i) + b] - 1\} \tag{4-12}$$

式中,$\alpha_i = (\alpha_1, \alpha_2, \cdots, \alpha_n)^T \in R_+^n$ 为 Lagrange 乘子。

分别求式(4-12)对 ω,b 的偏导,并令它们分别等于 0,可以找到相应的对偶形式:

$$\frac{L(\omega, b, \alpha)}{\partial\omega} = \omega - \sum_{i=1}^n y_i\alpha_i x_i = 0 \tag{4-13}$$

$$\frac{L(\omega, b, \alpha)}{\partial b} = \sum_{i=1}^n y_i\alpha_i = 0 \tag{4-14}$$

因此可以得到

$$\omega = \sum_{i=1}^n y_i\alpha_i x_i \tag{4-15}$$

$$\sum_{i=1}^{n} y_i \alpha_i = 0 \tag{4-16}$$

将式(4-15)和式(4-16)代入式(4-12),则原始问题就转化成为对偶问题:

$$\begin{cases} \max Q(\alpha) = \sum_{j=1}^{n} \alpha_j - \frac{1}{2} \sum_{i=1}^{n} \sum_{j=1}^{n} y_i y_j \alpha_i \alpha_j (x_i \cdot x_j) \\ s.t. \quad \sum_{i=1}^{n} y_i \alpha_i = 0 \\ \alpha_i \geqslant 0, \quad (i=1,2,\cdots,n) \end{cases} \tag{4-17}$$

α_i 为原始问题中与每个约束条件对应的 Lagrange 乘子。这是一个不等式约束下二次函数寻优问题,存在唯一解。根据 Karush – Kuhn – Tucker 互补条件的要求,最优解 $\alpha^* = (\alpha_1^*, \alpha_2^*, \cdots \alpha_n^*)^{\mathrm{T}}, (\omega^*, b^*)$ 必须满足

$$\alpha_i^* \{ y_i [(\omega^* \cdot x_i) + b^*] - 1 \} = 0 \quad (i=1,2,\cdots,n) \tag{4-18}$$

其中

$$\omega^* = \sum_{i=1}^{n} y_i \alpha_i^* x_i \tag{4-19}$$

$$b^* = y_j - \sum_{i=1}^{n} y_i \alpha_i^* (x_i \cdot x_j) \quad j \in \{j \,|\, \alpha_j^* > 0\} \tag{4-20}$$

式(4-18)意味着只有靠近超平面的点对应的 α_i^* 非零,其他点对应的 α_i^* 为零。由式(4-19)和式(4-20)可以看出 (ω^*, b^*) 只依赖于训练集 T 中非零的 α_i^* 对应的那些样本点 (x_i, y_i),而与其他样本点无关。我们称非零的 α_i^* 对应的训练样本点为支持向量。

最后可以得到最优分类函数为

$$f(x) = \mathrm{sgn}[(\omega^* \cdot x_i) + b^*] = \mathrm{sgn}\left[\sum_{i=1}^{n} \alpha_i^* y_i (x_i \cdot x) + b^* \right] \tag{4-21}$$

式(4-21)只包含待分类样本与训练样本中的支持向量的内积运算。可见,要解决一个特征空间中的最优线性分类问题,我们只需要知道这个空间中的内积运算即可。

4.2.2 近似线性可分问题的最大间隔分类算法

对某些线性不可分问题,线性分化造成的错分点可能较少,这类问题称为近似线性可分问题[137]。对于近似线性可分问题,某些训练样本点不能满足式 4-10 的约束条件: $y_i [(\omega \cdot x_i) + b] - 1 \geqslant 0 \quad (i=1,2,\cdots,n)$,为此对第 i 个训练点引入松弛变量(Slack Variable) $\xi_i \geqslant 0$,把约束条件放松为

$$y_i [(\omega \cdot x_i) + b] - 1 + \xi_i \geqslant 0 \quad (i=1,2,\cdots,n) \tag{4-22}$$

向量 $\xi = (\xi_1, \xi_2, \cdots, \xi_n)^{\mathrm{T}}$ 体现了训练集被错划的情况,采用 $\sum_{i=1}^{n} \xi_i$ 作为一种度量来描述训练集被错划的程度。为了尽量减少错划程度,我们必须实现两个目标:①间隔

$\dfrac{2}{\|\omega\|}$ 尽可能大；②错划程度 $\sum\limits_{i=1}^{n}\xi_i$ 尽可能小。为此,引入惩罚参数 C 作为综合这两个目标的权重。新的目标函数变为

$$\begin{cases} \min\varphi(\omega,\xi) = \dfrac{1}{2}\|\omega\|^2 + C\sum\limits_{i=1}^{n}\xi_i \\ s.t. \quad y_i[(\omega \cdot x_i) + b] + \xi_i \geqslant 1 \quad (i=1,2,\cdots,n) \\ \xi_i \geqslant 0 \quad (i=1,2,\cdots,n) \end{cases} \tag{4-23}$$

式中, $\sum\limits_{i=1}^{n}\xi_i$ 体现了经验风险,而 ω 则体现了表达能力,所以惩罚参数 C 实质上是对经验风险和表达能力匹配一个裁决。当 $C \to \infty$ 时,近似线性可分问题的原始问题退化为线性可分的原始问题。

用与求解线性可分问题同样的方法式(4-12)～式(4-20),求解式(4-23)的最优解 ω^*, b^*, ξ^*,求得最优分类函数 $f(x) = \text{sgn}[(\omega^* \cdot x) + b^*]$。

4.2.3　非线性可分问题分类算法

对于非线性问题,可以通过非线性变换(映射)将样本空间转化为某个高维空间中的线性问题,在高维空间中构造出最优分类超平面实现分类。图 4-5 为原始空间转化为特征空间示意图。

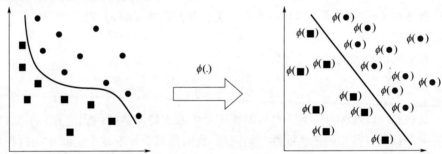

图 4-5　样本空间转化为特征空间示意图

需求解的最优化问题为

$$\begin{cases} \min \dfrac{1}{2}\sum\limits_{i=1}^{n}\sum\limits_{j=1}^{n}y_i y_j \alpha_i \alpha_j [\Phi(x_i) \cdot \Phi(x_j)] - \sum\limits_{j=1}^{n}\alpha_j \\ s.t. \quad \sum\limits_{i=1}^{n}y_i \alpha_i = 0 \\ 0 \leqslant \alpha_i \leqslant C, \quad (i=1,2,\cdots,n) \end{cases} \tag{4-24}$$

式中　$\Phi(\cdot)$——样本空间到特征空间的映射。

由式(4-17)和式(4-24)可以看出原来只需要计算二维空间的内积 $(x_i \cdot x_j)$,而现在需要计算高维空间的内积 $[\Phi(x_i) \cdot \Phi(x_j)]$,这会导致计算工作量增加。根据

泛函的有关理论,只要一种核函数 $K(x_i,x_j)$ 满足 Mercer 条件,它就对应某一变换空间的内积。因此,可采用适当的核函数 $K(x_i,x_j)$ 代替高维空间的内积 $[\Phi(x_i) \cdot \Phi(x_j)]$,而不增加计算工作量。则最优化问题变为

$$\begin{cases} \min \frac{1}{2} \sum_{i=1}^{n} \sum_{j=1}^{n} y_i y_j \alpha_i \alpha_j K(x_i,x_j) - \sum_{j=1}^{n} \alpha_j \\ s.t. \quad \sum_{i=1}^{n} y_i \alpha_i = 0 \\ 0 \leqslant \alpha_i \leqslant C \quad (i=1,2,\cdots,n) \end{cases} \tag{4-25}$$

求其最优解 α^*,ω^*,b^*,得最优分类函数

$$f(x) = \text{sgn}\Big[\sum_{i=1}^{n} y_i \alpha_i^* K(x_i \cdot x) + b^* \Big] \tag{4-26}$$

式(4-26)是支持向量机最终的分类决策函数。所以,支持向量机就是首先通过内积函数定义的非线性变换将输入空间变换到一个更高维空间,然后在这个空间中求最优分类面。如图 4-6 所示。

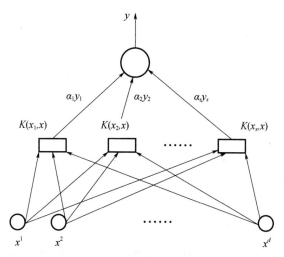

图 4-6 支持向量机示意图

4.3 支持向量机核函数

支持向量机的关键在于核函数,选择不同核函数就形成了不同算法的支持向量机,常用的支持向量机核函数有以下几种:

(1)Gauss 径向基核:

$$K(x,x') = \exp\Big(- \frac{\parallel x - x' \parallel^2}{\sigma^2} \Big) \tag{4-27}$$

(2)多项式核：

非齐次多项式核：

$$K(x,x') = [(x \cdot x') + c]^d \quad (c \geqslant 0) \tag{4-28}$$

齐次多项式核：

$$K(x,x') = (x \cdot x')^d \tag{4-29}$$

(3)B-样条核：

$$K(x,x') = \prod B_{2p+1}(x_i - x'_i) \tag{4-30}$$

式中　$B_{2p+1}(x)$——$(2p+1)$阶B-样条函数。

(4)傅里叶核：

第一种一维傅里叶核：

$$K_1(x,x') = \frac{1-q^2}{2[1-2q\cos(x-x')+q^2]} \quad (\forall x,x' \in R \quad 0 < q < 1) \tag{4-31}$$

第二种一维傅里叶核：

$$K_1(x,x') = \frac{\pi}{2c} \frac{\cosh\left(\frac{\pi-|x-x'|}{c}\right)}{\sinh\left(\frac{\pi}{c}\right)} \quad (c \text{ 为常数}) \tag{4-32}$$

n维傅里叶核：

$$K(x,x') = \prod_{i=1}^{n} K_1(x_i,x'_i) \tag{4-33}$$

式中，K_1由式4-31和式4-32给出。

(5)Sigmoid核：

$$K(x,x') = \tanh(\kappa(x \cdot x') + \upsilon) \quad \text{其中} \kappa > 0, \upsilon < 0 \tag{4-34}$$

(6)线性核：

$$K(x,x') = (x \cdot x') \tag{4-35}$$

4.4　基于位移变化率和支持向量机的塔机钢结构损伤诊断研究

基于支持向量机的结构损伤识别流程一般包括以下四个步骤[136]：①通过传感器采集相应的结构响应信号，建立样本库；②建立有限元模型，进行损伤模拟；③提取合适的信号特征，进行支持向量机训练；④运用支持向量机进行损伤识别。

4.4.1　塔机模型

采用山东富友公司的5510型塔机为例进行分析，塔机总高50.9m，塔顶高6.4m，起重臂长54.8m，平衡臂长11.6m。各部分主要参数：①塔身：主弦杆用外径 133mm,壁厚 8mm 的方钢管;斜腹杆用直径 76mm,壁厚 5mm 的圆钢管;直腹杆用直径 50mm,壁厚 5mm 的圆钢管;②起重臂:上弦杆用外径 86mm,壁厚 7mm 的方钢管;前 5 个臂节的下弦杆用外径 87mm,壁厚 8mm 的方钢管;后 5 个臂节下弦杆用外径 81mm,壁厚 6mm 的方钢管;③塔顶:前后弦杆用 90mm×90mm×8mm 的角钢对焊;腹杆用直径 60mm,壁厚 5mm 的圆钢管;④平衡臂:用 28a 槽钢;⑤斜拉索:用直径 40mm 的圆钢。各部分材料均为钢材,其弹性模量为 210GPa,泊松比为 0.3,密度为 $7.8×10^3$ kg/m。

仿真采用通用有限元软件 ANSYS11.0,单元类型选用考虑拉压、弯曲和扭转刚度的空间梁单元,建立的有限元模型如图 4-7 所示。通过弹性模量的减小来模拟损伤,用单元弹性模量不同的减小百分比模拟不同的损伤程度。

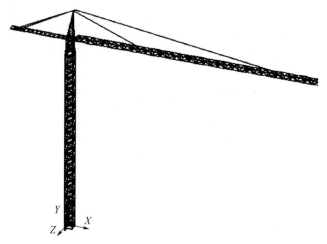

图 4-7 塔机有限元模型

5.4.2 位移变化率分析

对于塔机这类大型结构,进行模态实验比较困难,因而我们根据各阶模态振型变化率的启示,模拟结构完好状态和第 8 标准节上端损伤 50% 的情况,进行了起升动载激励下各点位移数据的测取,依次获取了 2,4,6,8,10,12,14,16 标准节顶部端点和回转塔身上部共 9 个点,在同一时刻各点的位移,以时间 $t=1$、$t=10$ 两种情况为例,进行了位移的变化率计算与比较,根据式 4-36 进行分析。分析结果见图 4-8。

$$\Delta d_{i,j} = \frac{d_{gi,j} - d_{di,j}}{d_{gi,j}} \tag{4-36}$$

式中 $d_{gi,j}$——结构完好状态第 j 个节点的第 i 时刻的位移值;

$d_{di,j}$——结构损伤状态第 j 个节点的第 i 时刻的位移值;

$\Delta d_{i,j}$——第 j 个节点第 i 时刻的位移的变化率。

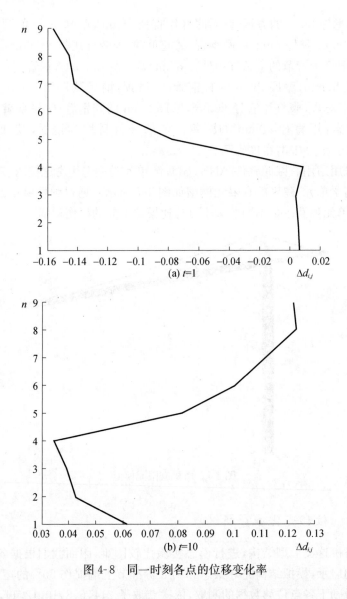

图 4-8　同一时刻各点的位移变化率

图 4-8 中,横坐标表示位移变化率 $\Delta d_{i,j}$,纵坐标表示 9 个数据点 n。

从图 4-8 可以看出,(a) 和 (b) 两个图中均在 4 点处发生突变,而 4 点处正对应第 8 个标准节的位置,因此,可以断定利用位移变化率可以比较容易判断出结构损伤的位置。

4.4.3　基于支持向量基的塔机钢结构损伤诊断

1. 训练样本和测试样本

在施加约束和载荷处理相同的条件下针对以下三种情况进行了瞬态分析:

(1)模拟塔机正常工作状况,对塔机有限元模型施加约束和起升动载荷,设置载荷步(时间为 0.25s),进行瞬态求解,分别提取第 10,12,14,16 标准节顶部端点及起重臂与回转塔身连接点 x,z 方向的位移,即节点 163,195,227,259,279 的 x、z 方向位移,每个节点位移取 600 个数据。

(2)模拟塔身第 8 标准节上端部第 280 单元损伤分别为 25%,50%,75%时的塔机工作状况,载荷处理情况及设置载荷步与(1)相同,仍然提取节点 163,195,227,259,279 的 x,z 方向位移,每个节点位移取 600 个数据。

(3)模拟塔身第 6,8,10 标准节上端部第 204,280,356 单元损伤分别为 25%,50%,75%时的塔机工作状况,载荷的处理情况及载荷步的设置与(1)相同,仍然提取节点 163,195,227,259,279 的 x,z 方向位移,每个节点位移取 600 个数据。

提取正常情况下和不同的损伤情况下特定节点沿 x 方向的位移变化率作为输入向量。上述(1)、(2)、(3)三种情况下,每种情况建立 4 组训练样本,每个样本取 64 个数据,这样无损和损伤工况下的训练样本共计 28 个。在上述三种情况未使用的数据中,每种情况下各取 4 组作为测试样本,每个样本取 64 个数据,这样无损和损伤工况下的测试样本共计 28 个。

2. 支持向量机核函数选择

在 4.3 中已经给出了支持向量机常用的核函数,有 Gauss 径向基核函数、多项式核函数、B-样条核函数、傅里叶核函数和 Sigmoid 核函数等。在数据概率分布不明的情况下,采取径向基核函数可以取得较好的推广效果[138],所以在此我们采用 Gauss 径向基核函数作为支持向量机核函数。

3. 损伤诊断

首先采用 Gauss 径向基核函数构造支持向量机进行初步的二分类测试,无损信号的正确识别准确值为 +1,损伤信号的正确识别准确值为 -1。

分别对塔机正常工作情况、塔身第 8 标准节损伤情况(损伤程度 25%,50%,75%),塔身第 6,8,10 标准节损伤情况(损伤程度均为 25%,50%,75%)的 28 个测试样本输入支持向量机中进行识别,识别结果如表 4-1 所示。

表 4-1　塔机钢结构损伤诊断判别结果

测试样本	损伤程度	损伤位置	节点判别结果					正确率
			163	195	227	259	279	
D_1	无	—	+1	+1	+1	+1	+1	100%
D_2			+1	+1	+1	+1	+1	100%
D_3			+1	+1	+1	+1	+1	100%
D_4			+1	+1	+1	+1	+1	100%

测试样本	损伤程度	损伤位置	节点判别结果					正确率
			163	195	227	259	279	
D_5			−1	−1	+1	+1	+1	40%
D_6	25%		−1	+1	+1	+1	+1	20%
D_7			−1	+1	+1	+1	+1	20%
D_8			+1	−1	+1	+1	+1	40%
D_9			−1	−1	−1	−1	−1	100%
D_{10}	50%	8	−1	−1	−1	−1	+1	80%
D_{11}			−1	−1	−1	−1	+1	80%
D_{12}			−1	−1	−1	+1	−1	100%
D_{13}	75%		−1	−1	−1	−1	−1	100%
D_{14}			−1	−1	−1	−1	−1	100%
D_{15}	75%		−1	−1	−1	−1	+1	80%
D_{16}			−1	−1	−1	−1	−1	100%
D_{17}			−1	−1	−1	−1	−1	100%
D_{18}	25%	6、8、10	−1	−1	−1	−1	−1	100%
D_{19}			−1	−1	−1	−1	−1	100%
D_{20}			−1	−1	−1	−1	−1	100%
D_{21}			−1	−1	−1	−1	−1	100%
D_{22}	50%		−1	−1	−1	−1	−1	100%
D_{23}			−1	−1	−1	−1	−1	100%
D_{24}		6、8、10	−1	−1	−1	−1	−1	100%
D_{25}			−1	−1	−1	−1	−1	100%
D_{26}	75%		−1	−1	−1	−1	−1	100%
D_{27}			−1	−1	−1	−1	−1	100%
D_{28}			−1	−1	−1	−1	−1	100%

表 4-2 塔身第 8 标准节损伤时判别结果

损伤程度	节点判别结果正确率				
	163	195	227	259	279
25%	75%	25%	0	0	0
50%	100%	100%	100%	75%	50%
75%	100%	100%	100%	100%	75%

表 4-3 塔身第 6、8、10 标准节处有损伤时判别结果

损伤程度	节点判别结果正确率				
	163	195	227	259	279
25%	100%	100%	100%	100%	100%
50%	100%	100%	100%	100%	100%
75%	100%	100%	100%	100%	100%

从表 4-1～表 4-3 可以看出：

(1)对塔机正常工作情况的识别正确率为 100%。

(2)对塔身第 8 标准节损伤情况进行损伤识别：

塔身第 8 标准节上端部第 280 单元损伤为 25% 时,识别正确率较低,且远离损伤位置节点处(节点 227,259,279)基本不能识别出损伤的存在;塔身第 8 标准节上端部第 280 单元损伤为 50% 时,损伤识别可正确率明显提高,但远离损伤位置节点处(节点 259,279)识别正确率相对较低;塔身第 8 标准节上端部第 280 单元损伤为 75% 时,基本可 100% 识别损伤。

(3)对塔身第 6,8,10 标准节损伤情况进行损伤识别：

单元损伤为 25%,50%,75% 时,对损伤情况都可正确识别,识别正确率为 100%。

由此我们可以看出,当塔机局部出现小损伤时,支持向量机对损伤不敏感,且离损伤越远处灵敏度越低。但当钢结构局部损伤程度达到 50% 以上或多处同时发生损伤(损伤程度可以较小)支持向量机可以很好地对损伤进行识别。

位移变化率可以识别塔机钢结构损伤位置,支持向量机可以很好地对损伤进行识别,所以,在塔机钢结构损伤诊断中,我们可以将支持向量机与位移变化率结合使用,用支持向量机识别损伤是否存在,用位移变化率识别损伤位置。

4.5 本章小结

本章系统介绍了统计学习理论中的经验最小化、VC 维以及结构风险最小化;详细阐述了支持向量机的分类算法,该方法克服了传统学习方法中的过学习、局部极小点和高维问题,在解决小样本、非线性及高维模式识别中表现出许多特有的优势。提出了基于位移变化率和支持向量机的塔机钢结构损伤识别方法。将该方法用于 5510 型塔机钢结构损伤识别,获得了很好的损伤识别效果。

提出了位移变化率的计算模型,将该模型用于塔机钢结构损伤位置识别,在结构损伤处位移变化率发生明显突变,说明位移变化率可以比较容易的判断结构的损伤位置。由于塔机等大型结构,进行模态实验比较困难,利用位移变化率进行损伤诊断可以避免塔机损伤诊断时的模态实验,具有很好的实际应用价值。

选用 Gauss 径向核函数的支持向量机对 5510 型塔机的塔身钢结构损伤进行诊断,当钢结构局部损伤程度达到 50% 以上或由多处同时发生损伤(损伤程度可以较小)支持向量机可以很好地对损伤进行识别。

在塔机钢结构损伤诊断中,我们可以将支持向量机与位移变化率结合使用,用支持向量机识别损伤是否存在,用位移变化率识别损伤位置。支持向量机与位移变化率的结合为塔机钢结构损伤诊断和预测提供了有力的工具,在工程实践中可以发挥重要作用。

第5章 塔式起重机钢结构损伤诊断的实验研究

5.1 塔机标准节主弦杆损伤诊断的实验研究

5.1.1 实验目的及实验模型设计

1. 实验目的

本次实验的目的是通过对塔机标准节用主弦杆(两个)的损伤实验完成以下三个内容的研究:

(1)结构局部损伤的宏观表征。即能否找到某种特征参数来识别结构损伤(螺栓松动)。

(2)用倾角测量传感器测得的塔身顶端倾角值作为特征量对塔机钢结构损伤进行识别的可行性。

(3)验证本章提出的基于支持向量机的塔机钢结构损伤诊断方法的有效性。

2. 实验模型设计

(1)实验构件:采用山东富友有限公司设计的 FTZ6010(80)塔机标准节的两个主弦杆为实验构件,主弦杆采用两个 $L125mm \times 125mm \times 8mm$ 的角钢对扣焊接而成,对扣后的截面尺寸为 $135mm \times 135mm$,材料为 Q235B,长度为 2500mm,主弦杆的详细设计图如图 5-1 所示,图 5-2 为制作完成的 FTZ6010 塔机标准节的主弦杆。

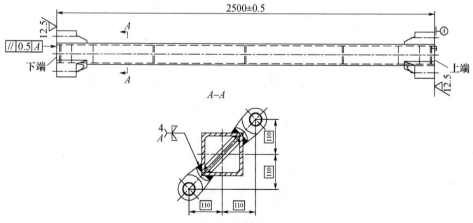

图 5-1 FTZ6010 塔机标准节主弦杆图

图 5-2　FTZ6010 塔机标准节主弦杆构件

(2)试验台:实验台由 FTZ6010(80)塔机的三个标准节做主支承架,另外根据实验需要设计了上下底架以及各连接件,图 5-3 为试验台用标准节的设计图。

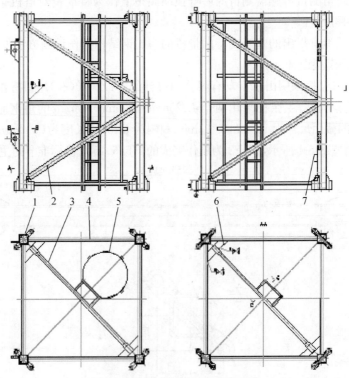

图 5-3　实验中所用标准节设计图

试验台(如图 5-4 所示)由高强地脚螺栓固定在水泥基础上,两根主弦杆通过连接套用两个 M33×2 的高强螺栓连接,底部通过两个 M36×3 的高强螺栓与实验台下底架连接。实验过程中,采用最大工作压力为 25MPa 的液压缸为实验构件施加载荷,用测力计测量载荷大小,液压缸轴线与实验构件(两主弦杆)中心线之间有 22mm 的偏心量,保证构件在实验过程中受到拉力和弯矩的作用。

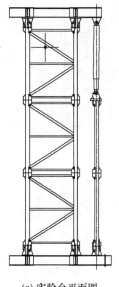 

(a) 实验台平面图　　　　　(b) 搭建完成的实验台

图 5-4　实验台

5.1.2　实验方案

1. 传感器布置及信号采集

应变信号的获取:距两个主弦杆连接面 300mm 处,在上下两个主弦杆上各布置四个箔基电阻应变片,S1,S2,S3,S4 和 S5,S6,S7,S8,其中应变片 S1,S2,S3,S4 在下主弦杆上,应变片 S5,S6,S7,S8 在上主弦杆上,采用江苏东华 DH-5935 型 8 通道动态应变测试系统采集应变信号。图 5-5 为实验时应变片布置位置及编号示意图。

振动信号由安装在下主弦杆的倾角测量传感器采集。

视频图像信号由靠近应变片 S2,S3 和 S6,S7 处安装的四个摄像头(摄像频率为 25 帧)采集。

图 5-6 为安装完成后应变片、摄像头及倾角测量传感器的位置。图 5-7 是实验用倾角测量传感器和动态应变测试系统。

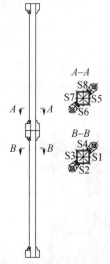

图 5-5 应变片布置位置及编号

图 5-6 各传感器的安装位置

(a) 倾角测量传感器

(b) 动态应变测试系统

图 5-7 部分实验用测试仪器和设备

2. 实验工况与实验方案

实验过程共分结构完好和损伤两种状态，六个实验工况。

工况一(完好状态)：连接上下主弦杆的两个高强螺栓分别施加 700N·m 的预紧力。

结构损伤通过松动连接两个主弦杆的高强螺栓中的一个来模拟。

工况二～工况六为损伤状态。具体损伤模拟如下：其中一个高强螺栓预紧力保持 700N·m 不变，另一个高强螺栓分别为①预紧力为 0；②松开半扣(约 1mm)；③松开 1 扣(约 2mm)；④松开 1.5 扣(约 3mm)；⑤松开 2 扣(约 4mm)。

实验过程：开始实验时液压系统给液压缸加压，液压缸则给实验构件施加拉力，当拉力计显示数据接近 20T 时，停止加压转为保压状态，保压时间 30s，保压完成后系统泄压，至拉力计显示数据为 0 时，结束实验。

实验进行过程中,应变测试仪、倾角测量传感器和摄像头同时采集实验数据。为保证实验效果,对以上六种工况重复做三次同样的实验。具体实验方案见表5-1。

表5-1 实验方案

	实验编号	第一个螺栓预紧力(N·m)	第二个螺栓预紧力(N·m)	施加拉力(T)	液压缸压力(MPa)
工况一	Test02	700	700	18.22	18
	Test04			18.90	18
	Test05			18.26	19
工况二	Test06	700	0	18.90	18
	Test07			19.00	19
	Test08			19.22	20
工况三	Test09	700	松半扣(约1mm)	17.96	18
	Test10			18.30	19
	Test11			19.22	20
工况四	Test12	700	松1扣(约2mm)	18.52	19
	Test13			18.50	19
	Test14			18.44	19
工况五	Test15	700	松1.5扣(约3mm)	17.96	19
	Test16			19.62	20
	Test17			19.20	19
工况六	Test18	700	松2扣(约4mm)	18.80	19
	Test19			19.40	20
	Test20			18.50	19

5.1.3 实验结果分析

1. 应变测试数据及分析

图5-8为结构处于完好状态时,加载过程各测点应变变化情况,图中的数据为Test02的测试数据,此时两个高强螺栓的预紧力均为700N·m。图5-9为结构出现损伤时,加载过程各测点应变变化情况,图5-9(a)中的数据为Test12的测试数据,此时其中一个高强螺栓的预紧力为700N·m,另一个被松开约2mm(1扣);图5-9(b)中的数据为Test18的测试数据,此时其中一个高强螺栓的预紧力为700N·m,另一个被松开约4mm(2扣)。

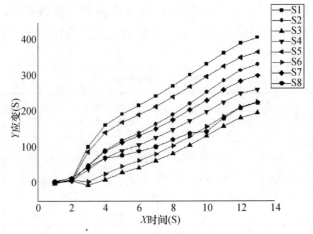

图 5-8　完好状态时加载过程应变变化（Test02）

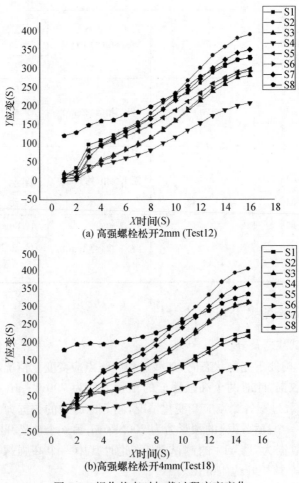

(a) 高强螺栓松开2mm (Test12)

(b)高强螺栓松开4mm(Test18)

图 5-9　损伤状态时加载过程应变变化

从图 5-8 和图 5-9 中可以看出,刚刚开始施加载荷时,结构处于完好状态时,加载过程中所有测点的初始应变值基本从同一数值开始增加,而结构出现损伤(螺栓松动)时,加载过程中测点 S8 与其他测点的初始应变值差别较大。即加载过程中,各测点的应变曲线组合形状随着结构完好状态和损伤状态的变化在变化。

图 5-10 为结构处于完好状态时,加载过程各方向的弯矩变化情况,图中的数据为 Test02 的测试数据,此时两个高强螺栓的预紧力均为 700N·m。图 5-11 为结构出现损伤时,加载过程各方向的弯矩变化情况,(a)图中的数据为 Test12 的测试数据,此时其中一个高强螺栓的预紧力为 700N·m,另一个被松开约 2mm(1扣);(b)图中的数据为 Test18 的测试数据,此时其中一个高强螺栓的预紧力为 700N·m,另一个被松开约 4mm(2 扣)。

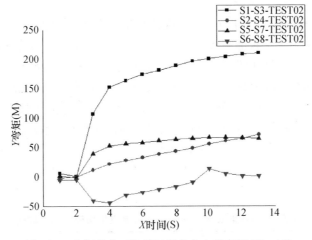

图 5-10　完好状态时加载过程各方向的弯矩(Test02)

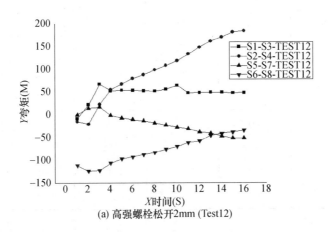

(a) 高强螺栓松开2mm (Test12)

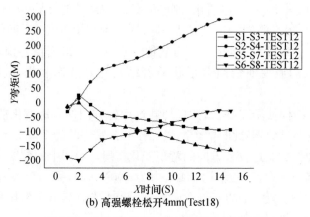

(b) 高强螺栓松开4mm(Test18)

图 5-11 损伤状态时加载过程各方向的弯矩

从图 5-10 和图 5-11 可以看出,结构的变形敏感方向在完好状态时为 S1~S3,在损伤状态时为 S2~S4,即结构在完好状态和损伤状态时变形敏感方向不同。从图 5-11 的(a)、(b)两图可以看出,结构损伤程度增大时,其变形量和变化率均增大。在图 5-11 的(a)图中 S5~S7 与 S6~S8 在加载到约 13s 时出现交叉点,(b)图中 S5~S7 与 S6~S8 在加载到约 7.5s 时出现交叉点,即损伤状态下,S5~S7 与 S6~S8 在加载过程中出现弯矩相同时刻,且该时刻随损伤程度的增大而提前。

表 5-2 为稳压时工况一~工况六各测点三次实验应变数据的平均值,图 5-12 稳压时工况一~工况六各个方向弯矩的变化情况,图 5-13 为稳压时上下两主弦杆对应测点应变之差。

表 5-2 稳压时工况一~工况六各测点平均应变测试数据

	工况一 ($\times 10^{-6}$)	工况二 ($\times 10^{-6}$)	工况三 ($\times 10^{-6}$)	工况四 ($\times 10^{-6}$)	工况五 ($\times 10^{-6}$)	工况六 ($\times 10^{-6}$)
S1	403	384	330	325	292	262
S2	329	350	359	388	411	456
S3	198	232	263	381	325	355
S4	262	253	224	205	198	161
S5	366	351	306	295	271	247
S6	228	252	276	292	331	355
S7	301	314	321	349	369	407
S8	220	275	316	354	407	378

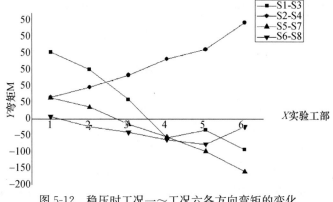

图 5-12 稳压时工况一～工况六各方向弯矩的变化

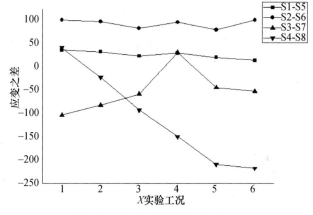

图 5-13 稳压时对应测点应变之差

从图 5-12 可以看出,稳压过程中 S2～S4 为变形敏感方向,其变形的变化方向与其他方向相反。从图 5-13 可以看出,当结构出现损伤时,某些面(S4～S8)应变传递出现突变,各个面的上下截面应变之差变化规律明显不同。

根据以上应变测试数据的分析,我们可以看出,结构出现损伤时,其测点应变总会表现出与完好状态时不同的规律和特征,这些规律和特征可能是曲线形状的不同,也可能是变形量、变化率或变化方向的不同。因此,在对结构进行损伤诊断时,我们可以根据具体情况,测试结构相应位置的应变响应,并提取所需特征,实现损伤诊断,从而避免用结构的振动响应信号作为原始数据进行诊断分析。这一点对于大型工程结构的损伤诊断尤为重要,因为对大型工程结构来说,其振动数据的获取要比应变数据的获取困难得多。

2. 倾角测量传感器测量数据分析

图 5-14～图 5-19 分别为六种不同工况下倾角测量传感器获取的 $\dfrac{X}{Y}$ 方向倾角数据线图。

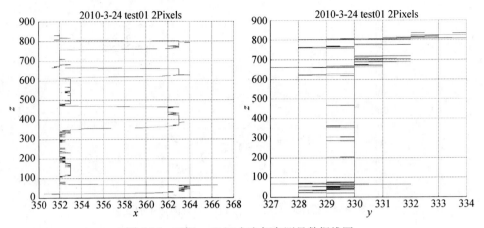

图 5-14　工况一 X/Y 方向倾角测量数据线图

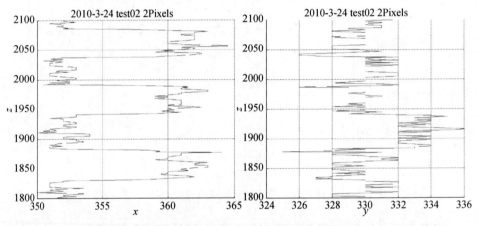

图 5-15　工况二 X/Y 方向倾角测量数据线图

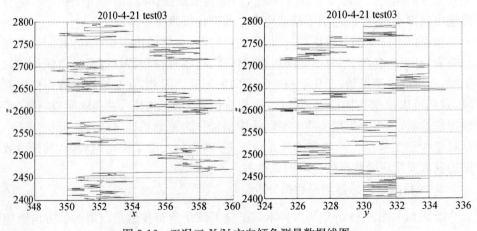

图 5-16　工况三 X/Y 方向倾角测量数据线图

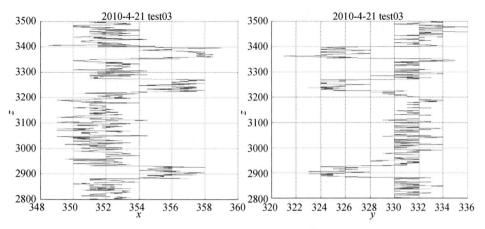

图 5-17　工况四 X/Y 方向倾角测量数据线图

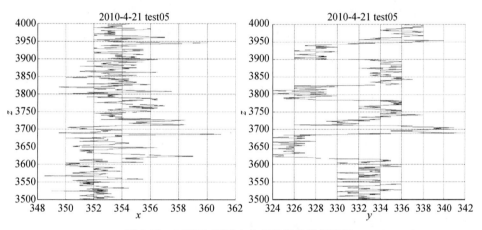

图 5-18　工况五 X/Y 方向倾角测量数据线图

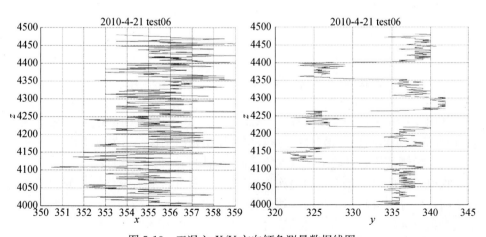

图 5-19　工况六 X/Y 方向倾角测量数据线图

图 5-20 六种不同工况下加载和稳态时 $\dfrac{X}{Y}$ 方向倾角测量数据平均值,图 5-21 六种不同工况下 X/Y 方向的最大变化范围。

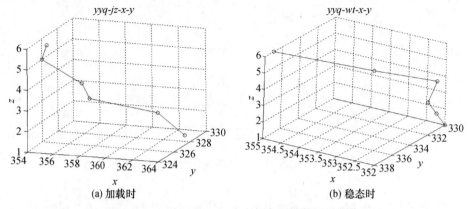

(a) 加载时   (b) 稳态时

图 5-20 六种工况 X/Y 方向倾角测量数据平均值

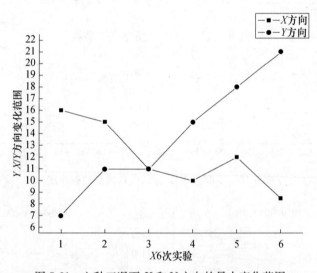

图 5-21 六种工况下 X 和 Y 方向的最大变化范围

从图 5-20 与图 5-21 可以看出,从工况三开始 X/Y 方向的倾角变化出现拐点,因此通过倾角测量传感器的测量数据可以识别出结构是否发生损伤。

用倾角测量传感器获得的测试信号进行结构完好状态判别:

提取正常情况下和不同的损伤情况下沿 x 方向的水平倾角位移变化率作为输入向量。分别取 Gauss 径向基核函数、二次多项式核函数和线性核函数作为支持向量机核函数。

取工况一(完好状态)、工况三(一个螺栓松开半扣)和工况四(一个螺栓松开一扣)三种情况下各 10 组数据,每组取 64 个数据点,作为训练样本,输入支持向量机进行训练。用工况二(一个螺栓预紧力为 0)、工况五(一个螺栓松开 1.5 扣)和工况六(一个螺栓松开 2 扣)三种情况各 10 组数据,每组取 64 个数据点,作为测试样本进行测试。测试结果如表 5-3 所示。

表 5-3 支持向量机测试分类结果

支持向量机核函数	判别结果正确率(%)		
	工况二	工况五	工况六
Gauss 径向基核函数	37	88.5	81.5
二次多项式核函数	30.5	74	72
线性核函数	32.5	77	73.5

从判断结果看,工况二的判断正确率较低,可能是由于工况二时损伤较轻微,测试数据与完好状态差别太小造成的;工况五和工况六的判断结果较好,工况六的判断正确率较工况五略有降低,应该是环境因素变化造成的。Gauss 径向基核函数的判断正确率高于二次多项式核函数和线性核函数。

5.2 塔机整机钢结构损伤诊断的实验研究

5.2.1 实验目的

通过对塔机整机的损伤实验进一步验证用倾角测量传感器测得的塔身顶端倾角值用于塔机钢结构的损伤识别的可行性以及基于位移变化率和支持向量机进行塔机钢结构损伤诊断的有效性。

5.2.2 实验方案

笔者针对某一工地刚安装好投入使用的塔机进行实验。

采用倾角测量传感器进行数据采集,倾角测量传感器安装于塔机回转标准节一主肢上。进行以下两组实验。

1. 实验一

按以下三个步骤进行实验获取数据。

(1)塔机安装完毕刚刚投入使用,标准节之间连接高强螺栓连接牢固无松动(钢结构完好状态),分别在空载状态与额定载荷状态下,让塔机上部回转 360°,实际测量塔身顶端水平倾角值。

(2)塔机工作 14d 后,标准节之间连接高强螺栓有松动情况下,分别在空载状态与额定载荷状态下,让塔机上部回转 360°,实际测量塔身顶端水平倾角值。

(3)塔机工作 14d 后,标准节之间连接高强螺栓有松动情况下,在吊载(正常载荷)状态下,塔机完成变幅、回转和起升三种工况,实际测量塔身顶端水平倾角值。

2. 实验二

重复实验一中的(2)、(3)两个实验步骤,实际测量塔身顶端水平倾角值。

5.2.3　实验结果分析

选用 Gauss 径向基核函数作为支持向量机核函数。以塔机顶端水平倾角位移变化率作为支持向量机输入量。

在实验一的(1)、(2)和(3)三个步骤获取的塔机顶端水平倾角值数据中,取步骤(1)空载状态和额定载荷状态下各 10 组数据,每组 64 个数据点;步骤(2)空载状态和额定载荷状态下各 10 组数据,每组 64 个数据点;步骤(3)变幅、回转和起升三种工况下,各 10 组数据,每组 64 个数据点,共计 70 组数据作为训练样本,输入支持向量机进行训练。

在实验二的两个步骤获取的塔机顶端水平倾角值数据中,取步骤(2)空载状态和额定载荷状态下各 10 组数据,每组 64 个数据点;步骤(3)变幅、回转和起升三种工况下,各 10 组数据,每组 64 个数据点,共计 50 组数据,作为测试样本,进行测试。测试结果见表 5-4。

表 5-4　支持向量机损伤识别结果

	损伤状态(有连接螺栓松动)				
	空载	额定载荷	吊载状态		
			变幅	回转	起升
判别结果正确率(%)	95	98	95.5	98	98

从表 5-4 可以看出,支持向量机的总体判断效果较好,均达 95% 以上。带载变幅工况较回转和起升工况判断正确率稍低,可能是变幅过程中塔身所受弯矩有接近零的情况造成的。空载时判断结果正确率稍低。

5.3　本章小结

本章对 FTZ6010(80)塔机采用高强螺栓连接的两个标准节主弦杆(主肢)模型进行了损伤实验。采用连接高强螺栓松动程度的不同模拟结构不同程度的损伤,分别获取了结构相应位置的应变数据和水平倾角数据。应变数据的分析结果表明:结构出现损伤时,其测点应变总会表现出与完好状态时不同的规律和特征。因此,在对结构进行损伤诊断时,可以根据具体情况,提取相应的应变特征,实现损伤诊断。倾角测量传感器的测量数据,损伤特征能够通过水平倾角位移显现。以水平倾角变化率作为特征输入量,分别对以 Gauss 径向基核函数、二次多项式核函数和线性核函数作为核函数支持向量机进行损伤识别测试,测试结果显示,在本实验中,Gauss 径向基核函数的判断正确率高于二次多项式核函数和线性核函数。

本章通过塔机整机实验,验证了基于位移变化率的支持向量机的损伤识别方法的有效性。实验结果表明该方法简便准确,识别正确率高。

第6章 塔机综合监测系统开发研制

随着计算机技术和检测技术的快速发展,以及对大型工程机械综合情况实时掌握的要求,大型工程机械综合监测系统越来越趋向自动化、实时化和网络化。现有的大型工程机械监测系统从系统构成和子系统划分上各有不同,但总的说来,从结构上可划分为硬件系统和软件系统两大部分;从功能上可划分为传感器系统、数据采集与处理系统、数据传输系统、状态识别与故障诊断系统、决策与评估系统等。

塔机综合监测系统的功能目标是实现塔机钢结构损伤的实时识别、对塔机工作环境和使用过程各项性能指标进行实时监控,以实现塔机的安全监控和寿命估计,为维护管理提供决策依据。塔机综合监测系统服务的对象主要包括主管部门、工地用户、单塔用户三个层面。三个层面对塔机信息和性能等问题关注侧重点不同。监测系统在实现功能目标的同时,也要满足不同层面的信息需求,本章主要根据塔机综合监测系统的功能目标和在使用过程中主管部门、工地用户、单塔用户的不同需求开发研制了塔式起重机综合监测系统。

6.1 塔机综合监测系统总体方案设计

塔机综合监测系统服务的对象包括主管部门、工地用户、单塔用户三个层面。主管部门主要关心塔机的综合信息,包括资质、管理体系、结构完好状态等,以便于管理和决策;工地用户主要关心工地各塔机的基本信息、塔机的工作状况、结构的完好状况等,以完成故障诊断和事故预测,防止事故发生;单塔用户则关心塔机使用过程中的各项具体性能指标,以帮助操作人员正确判断塔机状态,保证使用安全。图 6-1 为塔机综合监测系统总体结构原理图。

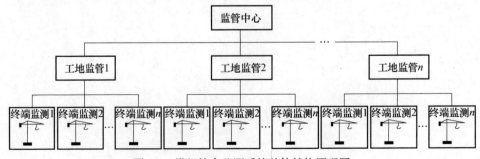

图 6-1 塔机综合监测系统总体结构原理图

1. 监管中心

形成管理报表,评估塔机寿命,监控管理体系的运行情况,确定奖惩与资质管理规则,完成备案管理。

2. 工地监管

对本地塔机编号、使用位置、操作人员、工作空间等基本信息进行设置和管理,形成工地局部管理报表,根据规定告知范围传送报警信息,后台监控塔机工作体系(人、机、环境)工作状况,进行塔机钢结构完好状态识别和故障诊断,进行事故预测并预警,防范事故发生。

3. 终端监测

主要完成载荷监测、载荷位移监测、动作监测、结构敏感点位移监测;具有限制器功能,保证工作安全;具有远程传输功能,实现远程实时监测。具有记录功能,保证现场数据的安全、可靠与冗余;具有数据下载功能,保证信息采集的方便,且不影响正常工作。具有报警显示功能,保证操作人员第一时间了解塔机状态。

根据塔机综合监测系统服务对象的三个层次,及每个层面关注问题侧重点的不同,我们把塔机综合监测系统从结构上划分成三个主体模块和三个功能子系统。三个主体模块是塔机本体结构模块、数据库、远程监控;三个功能子系统是:终端监测系统、前端诊断系统、评估管理系统。各子系统和模块之间的工作原理图如图6-2所示。

终端监测系统主要为了获取塔机结构健康诊断所需的基本信息,该子系统包括传感器系统和信号采集与处理系统。终端监测系统的监测项目见表6-1。

表6-1 终端监测项目

监测项目	重量	高度	幅度	回转	塔身顶端倾角	风速
传感器	重量传感器	高度传感器	幅度传感器	回转传感器	倾角测量传感器	风速仪

前端诊断系统是塔机综合监测系统的核心,其功能是根据塔机本身的结构参数和终端监测系统所获取的各种信息,利用建立的理论模型对塔机结构进行初步分析和诊断,对结构的健康状态做出初步评价。理论模型和算法的合理性与否直接影响到系统判断的准确性,关于结构损伤识别的理论模型在前面章节中已经做了详细研究。

评估管理系统完成塔机结构健康状态的最终评价,发出安全预警,给出维护管理决策。

塔机结构是监测系统的主体,与传感器一起组成了系统的物理层。

数据库系统是整个监测系统的信息中枢,包括①基本数据库:存储塔机使用位置、操作人员、工作空间等基本信息和基本结构参数;②监测数据库:存储传感器采集的经调理和微处理器处理的监测数据;③诊断数据库:存储系统初步诊断结果;④健康状态评价数据库:存储各种健康指标、评价、决策和预警信息,对系统的运行状态和故障记录进行输出。

　　监控中心数据库是综合监测系统的远程控制枢纽,通过监测中心可以对系统的上位机、工地监管计算机发出指令。

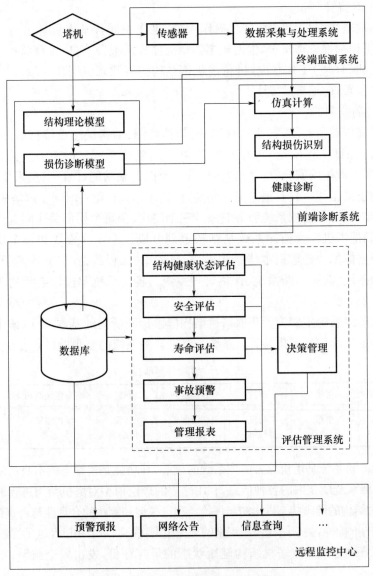

图 6-2　塔机综合监测系统拓扑结构图

6.2　数据采集与处理系统

　　数据采集与处理系统是实现塔机健康监测的关键部分。一般要完成以下两个功能：一是实现信号采集功能，即对各种不同信息源的物理信号进行量化、记录、传输和管理。由于传感器产生的信号通常是模拟量，需按照一定的采样速率进行模数转换成数据量，才能被计算机贮存和处理，所以数据采集与处理系统的第二个功能就是完成信号的变换和调理，以实现信号的计算机存贮和处理。

由数据采集和处理系统的功能决定了该子系统包括硬件和软件两个组成部分。一个完整的数据采集与处理系统一般包括以下两个主要部分[139]。

1. 数据采集与处理硬件

数据采集硬件包括信号调理器、模数转换器、控制电路、贮存器、通信装置等数据采集与处理器件以及电缆、终端箱等外围设备。信号调理器是使传感器的信号符合模数转换的要求。模数转换器将模拟信号转换成数字信号。控制电路是用来控制其他硬件。大部分数据采集器都有一定容量的贮存器，可以作为数据缓冲器或长期贮存器。

2. 数据采集与处理软件

软件是数据采集与处理系统的重要组成部分。它使数据采集系统与计算机之间能够进行数据通信，使用户对采集系统进行操作。

数据采集与处理系软件包括下位机软件和上位机软件两大部分。

（1）下位机软件：

下位机软件是安装于调理器上的程序。主要有两个方面的功能：①控制数据采集；②完成与上位机之间的数据通信。直接与传感器的特性、采样速率等参数有关。

（2）上位机软件：

上位机软件是安装在控制室计算机上的程序。主要有以下功能：对传感器、调理器进行数据采集控制；对下位机进行数据通信控制；显示下位机传来的数据，提供友好的用户界面；对原始数据进行贮存以及根据需要对贮存的数据进行查询。

塔机综合监测系统的数据流程如图 6-3 所示。

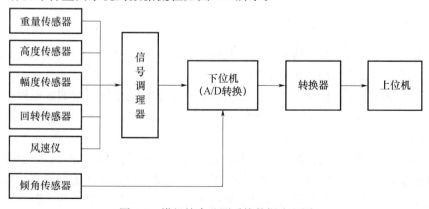

图 6-3　塔机综合监测系统数据流程图

6.3 塔机综合监测系统硬件系统设计

6.3.1 硬件系统组成

硬件系统采用模块化设计思想。主要包括微处理器模块、传感器与信号调理模块、继电器模块、通讯模块、液晶显示模块等,硬件系统原理图如图 6-4 所示。

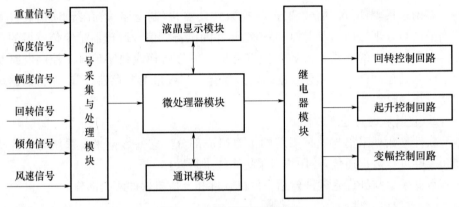

图 6-4　硬件系统原理框图

微处理器模块是硬件系统的主模块,通过扁平电缆与其他模块连接;信号采集与处理模块通过屏蔽电缆与塔机传感器连接;继电器模块与电控箱通过屏蔽电缆连接;液晶显示模块安装于司机室。硬件系统的主处理器选用 C8051F020 芯片,该芯片是完全集成的混合信号系统级 MCU 芯片,具有 64 个数字 I/O 引脚;图像处理器采用 ADI 公司的 BF532 芯片,是一款高性能、低功耗定点处理器,内核时钟频率最高可达 400MHz,具有两个 40 位的算术逻辑单元(ALU),4 个 8 位视频 ALU,两个 40 位累加器和两个 16 位硬件乘法器。

6.3.2 传感器及其信号调理电路设计

塔机综合监测系统用传感器主要包括重量传感器、高度传感器、变幅传感器、回转传感器、风速仪、倾角传感器等。

重量传感器选用专用轴销式压力传感器,传感器输出电压对应测量量程是 0～20mV,该电压要经过滤波后给 A/D 转换器,其精度为 1%。图 6-5 为重量传感器信号调理电路图。

幅度、回转角度、高度传感器采用光电开关作为传感器,设计的孔板与电机输出轴相连,随着电机转动输出一系列脉冲信号,通过主控对脉冲进行计数,从而得到相应的测量值。为了克服现场电动机的干扰和传输线路上的干扰,增加光电隔离设计,如图 6-6 所示。

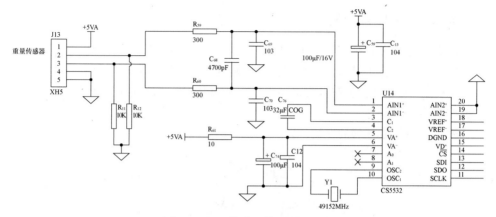

图 6-5 重量传感器信号调理电路

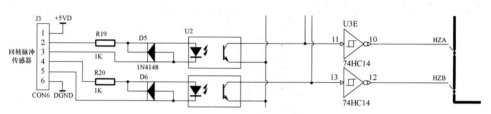

图 6-6 光电脉冲信号差分与隔离电路

由于高度、幅度、回转角度三个量均有正有负,为了判断电机的转动方向,通过传感器采用双光电开关来判断电机运动方向,其原理图如图 6-7 所示,即在同一电机轴相连的光电脉冲,通过调整孔板的安装位置使得两个脉冲满足所需关系。微处理器对通道 A 采用中断方式对脉冲进行计数,B 通道则作为开关量输入,当 A 脉冲的中断到来时,A 通道为高电平,此时中断服务程序要同时判断 B 脉冲的电平,若 A 为高电平且 B 为低电平则为正转,反之,若 A 为高电平同时 B 为高电平则为反转。

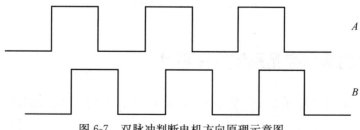

图 6-7 双脉冲判断电机方向原理示意图

倾角传感器采用济南富友慧明生产的防倾翻监控仪,其运用机器视觉技术和图像处理技术,可以监测到因各种因素造成的塔身倾斜。

6.3.3　传感器安装

重量传感器安装在滑轮轴上,承受绳索的压力与重量成正比;高度、变幅、回转传感器分别安装在提升、变幅、回转电机附近,倾角传感器安装在回转标准节的一根主肢上,风速仪安装在塔帽最高点处。所有传感器均通过屏蔽电缆与驾驶室内的控制主机相连。

图6-8为各传感器的安装位置。

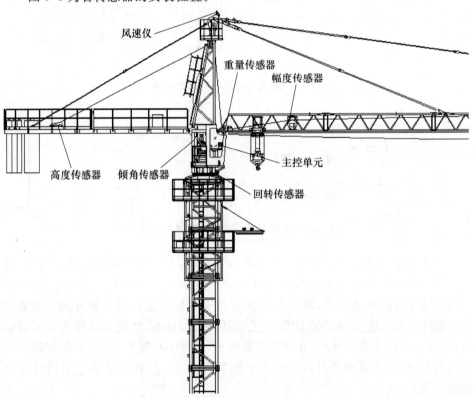

图 6-8　传感器的安装位置图

6.4　塔机综合监测系统软件平台

根据数据的采集、存贮、管理与查询的要求,我们开发了塔机综合监测系统的软件平台。

6.4.1　系统软件架构

系统软件(上位软件)分为前端诊断软件和监管中心软件两级,前端诊断软件用于工地现场工作站,监管中心软件用于安检主站。如图6-9所示。

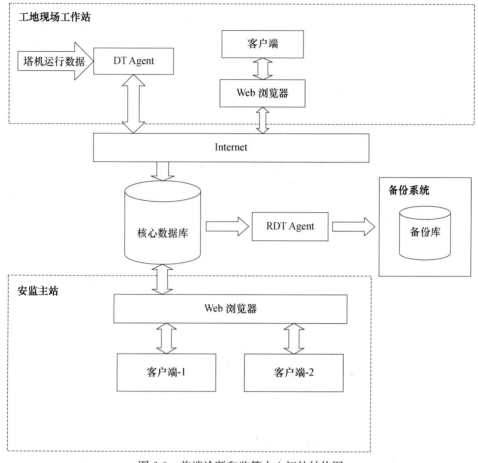

图 6-9　前端诊断和监管中心拓扑结构图

6.4.2　软件功能

软件功能模块包括:权限管理、数据管理与维护、信息查询、系统设置和帮助等。

权限管理包括登录验证、系统锁定、密码修改、用户维护、权限设定等功能。

数据管理与维护包括系统基本数据和塔机基本数据的添加、删除、修改;工程数据维护;工程现场塔机工作状态数据实时显示等。

信息查询可以随时查询基本数据、工程数据、实时工作数据、违章信息等。查询结果可形成报表。

系统设置完成系统参数的设置。

6.4.3　软件界面

程序界面使用标准 SDI 方式,使用常规技术(框架、表单、超链接等)实现功能模块的进入和跳转;实时数据部分要求使用页面局部刷新功能,同时提供菜单及快捷工具栏,窗体部分实时显示当前最新数据,同屏展示多台设备的最新数据。同屏展示的设备数量和刷新频率应可以设定。设备出现超出安全阈值的时候,提供显示报警提示。

软件主界面由菜单栏、工具条、区域选择区、工程信息显示区、违章信息显示区五部分组成。如图 6-10 所示。

图 6-11 为软件平台工程信息管理界面,图 6-12 为软件平台信息查询界面。

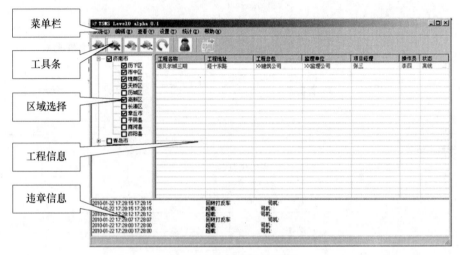

图 6-10　软件平台主界面

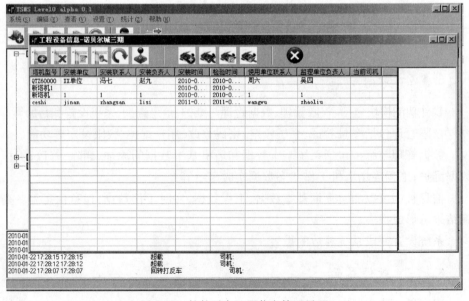

图 6-11　软件平台工程信息管理界面

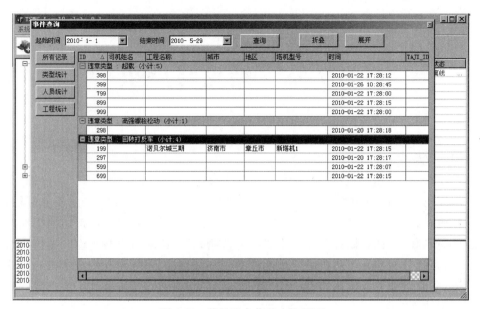

图 6-12 软件平台信息查询界面

6.5 本章小结

塔机综合监测系统要能够实现塔机钢结构损伤的实时识别、塔机工作环境和使用过程各项性能指标的实时监控,实现塔机的安全监控和寿命估计,为维护管理部门提供决策依据。塔机综合监测系统服务的对象主要包括主管部门、工地用户、单塔用户三个层面。三个层面对塔机信息和性能等问题关注侧重点不同。监测系统在实现功能目标的同时,也要满足不同层面的信息需求。

本章主要根据塔机综合监测系统的功能要求以及在使用过程中主管部门、工地用户、单塔用户的不同需求研究开发了塔机综合监测系统。该系统包括塔机本体结构模块、数据库、远程监控三个主体模块和终端监测系统、前端诊断系统、评估管理系统三个功能子系统。并开发了系统的管理软件,软件具有强大的数据管理功能并可实现结果的可视化,软件操作平台界面友好,操作简便。

本书开发的塔机综合监测系统集结构监测、健康诊断、管理评估于一体,实现了监测数据的实时自动采集和远程传输,是一个功能完备的塔机结构实时健康监控系统。

第7章 结论与展望

7.1 结论

损伤识别是结构健康监测的基础,长期以来都是一个非常活跃的研究领域,很多研究都致力于探索损伤识别新方法。本书以实现塔式起重机钢结构损伤在线实时诊断为目的,设计开发了塔机综合监测系统;以塔机塔身顶端倾角值为特征量,系统分析推导了塔机塔身顶端倾角模型;以时间序列和支持向量机为理论基础,系统研究了塔机塔身钢结构损伤诊断方法;并通过实验验证了所推导的理论模型的有效性。

本书主要研究工作:

(1)塔机塔身顶端倾角模型研究。根据塔机自身结构特点和工作特点,明确了塔身结构完好状态的定义;建立了塔机的两个坐标系;以塔身顶端倾角为特征量,建立了塔机正常状态顶端倾角特征模型、建立了正常空载状态下塔身顶端倾角特征模型、塔身钢结构损伤状态顶端倾角特征模型以及塔身钢结构损伤方位判断的倾角特征模型;研究了该模型的实现算法;通过实验验证了所建模型的正确性。建立的模型便于实现实时控制,可以作为一种控制模型使用。

(2)基于时间序列分析的塔机钢结构完好状态诊断模型的研究。提出了塔机钢结构完好状态的判定的3σ准则;基于时序分析方法,以倾角测量传感器获取的塔身倾角数据为特征量,建立了塔机钢结构完好状态诊断时序刚度距模型、严重超载状态识别的时序刚度距模型以及人员违规操作识别的时序刚度距模型;所建模型能够实现塔机钢结构损伤、严重超载以及人员违规操作等情况的识别。

(3)基于支持向量机的塔机钢结构损伤诊断方法的研究。通过系统研究位移变化率对结构损伤的灵敏程度,发现位移变化率能够很好地确定钢结构的损伤位置。提出了基于位移变化率和支持向量机的塔机钢结构损伤识别方法。该方法对塔机塔身钢结构进行损伤诊断的效果很好。

(4)塔机钢结构损伤诊断的实验研究。通过对采用高强螺栓连接的两个塔身标准节用主弦杆(主肢)模型进行损伤实验以及工地现场塔机整机实验,验证了用塔身顶端倾角值作为塔机钢结构的损伤识别特征量的可行性,并证明了本书提出的基于位移变化率和支持向量机的塔机钢结构损伤诊断方法的有效性。

(5)设计开发了塔机综合监测系统及其管理软件。结合结构综合监测系统的功能要求,根据塔机综合监测系统服务对象的三个层次,及每个层面关注问题侧重点的不同,把塔机综合监测系统从结构上划分成三个主体模块和三个功能子系统。所开发的塔机综合监测系统集结构监测、健康诊断、管理评估于一体;能够实现塔机钢结构损伤的实时识别,塔机工作环境和使用过程各项性能指标的实时监控。

7.2 展望

塔机钢结构损伤诊断技术是建筑机械领域研究的热点课题,本书虽然做了一些工作,取得了一些创新性研究成果,但由于塔机本身工作环境和结构的复杂性,以及作者的水平和研究时间有限,研究工作还不够全面和深入,还有许多问题需要进一步研究和探索。主要有以下几个方面:

(1)塔机塔身钢结构损伤位置的识别。本书建立的塔身钢结构损伤状态顶端倾角特征模型以及塔身钢结构损伤方位判断的倾角特征模型,能够识别塔机钢结构的损伤和损伤方位,但对于损伤位置的识别依赖于大量传感器。进一步的研究工作可致力于基于单个传感器和少量传感器的塔身钢结构损伤位置识别。

(2)核函数是支持向量机方法进行空间转换的核心,不同的核函数对钢结构损伤识别和预测性能有很大差异,如何针对塔机自身结构特点和工作特点构造特定的支持向量机核函数,提高分类准确率,值得进一步深入研究。

(3)塔机钢结构完好状态诊断时序刚度距模型有待实际工作塔机监测数据的进一步验证,并依据监测数据的检验结果对理论模型进行反复修正,以获取最佳实用模型。

(4)塔机综合监测系统实际运行的稳定性有待进一步测试。

参 考 文 献

[1] 兰荣标. 塔机安装质量检测中应注意的几个问题[J]. 建筑机械,2006,(12):98-99.

[2] Richard L Neitzel,Noah S Seixas,Kyle K Ren. A Review of Crane Safety in the Construction Industry. Applied Occupational and Environmental Hygiene[J]. 2001,16(12):1106-1117.

[3] 包世洪. 塔式起重机的使用寿命和评估[J]. 建设机械技术与管理,2001,14(5):130-131.

[4] Janicak C A. Occupational Fatalities Caused by Contact with Overhead Power Lines in the Construction Industry[J]. Occ EnvMed. 1997,39:328-332.

[5] Liu Tao,Li Aiqun,Ding YouLliang et al. Structural Damage Detection Mothed Based on Information Fusion Technique[J]. Journal of Southeast University (English Edition). 2008,24(2):201-205.

[6] 谢长宇,尹苟保. 大型塔机安全监控系统的研制[J]. 建设机械技术与管理,2001,14(5):17-18.

[7] 郑尚龙,李学忠,吴国祥,王福山,王树新,牛占文,魏洪兴,王振刚. 基于网络的移动作业机群设备状态监测与故障诊断系统[J]. 中国电学,2002.11.06.

[8] 黄洪钟,姚新胜. 塔式起重机安全性研究与展望[J]. 安全与环境学报,2001,1(3):1-5.

[9] 张培华. 塔式起重机的常规检测与探索[J]. 北京建筑工程学院学报,2004,20(3):39-41.

[10] 杨智春,于哲峰. 结构健康监测中的损伤检测技术研究进展[J]. 力学进展,2004,34(2):215-220.

[11] 李宏男,李东升. 土木工程结构安全性评估、健康监测及诊断述评. [J]. 地震工程与工程振动,2002,22(3):82-90.

[12] Housner G W,Bergman L A,Caughey T K,et al. Structural Control:Past,Present,and Future[J]. Journal of Engineering Mechanics. 1997,123(9):897-971.

[13] Doebling S W,Farrar C R,Prime M B,et al. Damage Identification and Health Monitoring of Sturetural and Mechanical Systems from changes in Their Vibration Charaeteristics:A Literature Review[J]. Los Alamos National Lbaoratory. 1996,LA-10370-MS.

[14] Rytter A. Vibration Based Inspection of Civil Engineering Structures [D]. Denmark:Aalborg University Ph. D. Dissertation,1993:15-20.

[15] 郑栋梁,李中付,华宏星. 结构早期损伤识别技术的现状和发展趋势[J]. 振动与冲击,2002,21(2):1-4.

[16] 刘济科,汤凯. 基于振动特性的损伤识别方法的研究进展[J]. 中山大学学报(自然科学版),2004,43(6):57-61.

[17] 裴强. 结构健康检测新方法研究[D]. 北京:中国地震局工程力学研究所博士论文,2005:3-6.

[18] Doebling S W,Farrar C R,Prime M B. A Summary Review of Vibration-Based Damage Identification Methods [J]. The Shock and Vibration Digest,1998,30(2):91-105.

[19] Farrar C R,Doebling S W. An Overview of Model-Based Damage Identification Methods [C]. Sheffield,UK. Proc. of DAMAS Conference. 1997.

[20] Adams R D,Cawley P,Pye C J,et al. A Vibration Technique for Nondestructivly Assessing the Integrity of Structures [J]. Journal of Mechanical Engineering Science. 1978,20:93-100.

[21] Cawley P,Adams R D. The Locations of Defects in Structures from Mesurements of Natural Frequencies [J]. Journal of Strain Analysis. 1979,14(2):49-57.

［22］Morrasi A,Rovere A. Localizing a Notch in a Steel Frame from Frequency Measurements［J］. Journal of Engineering Mechanics. 1997,123(5):422-432.

［23］Messina A,Jones I A,Williams E J. Damage Detection and Localization Using Natural Frequency Changes［C］. U. K. ,Swansea. Identification in Engineering Systems:Proceedings of the International Conference. 1996:67-76.

［24］Williams C,Salaswu O S. Damping as a Damage Indicator Parameter［C］. Orlando Proceedings of the 15th International Modal Analysis Conference,. 1997. Bethel,Conn. :Society for Experimental Mechanics Inc. ,1997:1531-1536.

［25］Hearn G,Testa R B. Modal Analysis for Damage Detection in Structures［J］. Journal of Structural Engineering. 1991,117(10):3042-3063.

［26］高芳清,金建明,高淑英. 基于模态分析的结构损伤检测方法研究［J］.西南交通大学学报,1998,33(1):108-113.

［27］FOX C H J. The Location of Defects in Structures:A Comparison of the Use of Natural Frequency and Mode Shape Data［C］. Proceedings of the 10th IMAC,Bethel,1992. Society for Experimental Mechanics, Inc,1992:522-528.

［28］Srinvasan M G,Kot C A. Effects of Damage on the Modal Parameters of a Cylindrical Shell［C］. Proceedings of the 10th IMAC,Bethel,1992. Society for Experimental Mechanics,Inc,1992:529-535.

［29］Farrar C R,Baker W E,Bell T M,et al. Dynamic Characterization and Damage Detection in the Interstate 40 Bridge Over the Rio Grande. Los Alamos National Laboratory Report,1994,LA-12767-MS.

［30］Doebling S W,Prime M B. A Summary Review of Vibration Based Damage Identification Methods ［J］. The Shock and Vibration Digest. 1998,(3):92-105.

［31］Ewins D J. Modal Testing:Thoery and Practice［M］. Hertfordshire,England:Baldock,1985:65-180.

［32］Lieven N A J,Ewins D J. Spatial Correlation of Mode Shapes,the Coordinate Modal Assurance Criterion(COMAC)［C］. Proceedings of the 6th International Modal Analysis Conference, Florida USA, 1988. New York:Society for Experimental Mechanics,Inc,1988:280-286.

［33］Alampalli,Sreenivas,GongKang Fu,Everett W Dillon. Signal Versus Noise in Damage Detection by Experimental Modal Analysis［J］. Journal of Structural Engineering. 1997,123(2):237-245.

［34］Pandey A K,Biswas M,Samman M M. Damage Detection from Changes in Curvature Mode Shapes ［J］. Journal of Sound and Vibration. 1991,145(2):321-332.

［35］Chance J,Tomlinson G R,Worden K. A Simplified Approach to the Numerical and Experimental Modeling of the Dynamics of a Cracked Beam［C］. Proceedings of the 12th International Modal Analysis Conference,Honolulu,Hawaii,1994. Bethel CT:Society for Experimental Mechanics,Inc,1994:778-785.

［36］Dong C. The Sensitivity Study of the Modal Parameters of a Cracked Beam［C］. Proceedings of the 12th International Modal Analysis Conference,Honolulu,Hawaii,1994. Bethel CT:Society for Experimental Mechanics,Inc,1994:98-104.

［37］Pandey A K,Biswas M,Samman M M. Damage Detection from Changes in Curvature Mode Shapes ［J］. Journal of Sound and Vibration. 1991,145(2):321-332.

［38］Edward Sazonov,Powsiri Klinkhachorn. Optimal Spatial Sampling Interval for Damage Detection by Curvature or Strain Energy Mode Shapes［J］. Journal of Sound and Vibration. 2005,783-801.

［39］郑明刚,刘天雄,朱继梅等. 曲率模态在桥梁状态监测中的应用［J］.振动与冲击,2000,19(2):81-82.

［40］李德葆,陆秋海,秦权. 承弯结构的曲率模态分析［J］.清华大学学报(自然科学版),2002,42(2):224-227.

［41］李永梅,高向宇,史炎升. 基于单元应变模态差的网架结构损伤诊断研究［J］.建筑结构学报,

2009,30(3):152-159.

[42] 张德文,魏阜旋. 模型修正与破损诊断[M]. 北京:科学出版社,2000:1-20.

[43] Hemez F M. Theoretical and Experimental Correlation between Finite Element Models and Modal Tests in the Context of Large Flexible Space Structures [D]. Colo rado: University of Colorado,1993:15-35.

[44] Sophia Hassiotis,Garrett D Jeong. Identification of Stiffness Reductions using Nautarl Frequencies [J]. Journal of Engineering Mechanics. 1995,121(10):1106-1113.

[45] 刘济科,李雪艳. 基于灵敏度分析的机械系统损伤识别方法[J]. 机械科学与技术,2002,31(3): 456-459.

[46] Berman A,Nagy E J. Improvement of a Large Analytical Model Using Test Data[J]. AIAA Journal. 1983,21(8):1168-1173.

[47] Scott W Dobeling. Minimum-rank Optimal Updaet of Elemental Stiffness Parametes for Structural Damage Identification[J]. AIAA Journal. 1996,34(12):2615-2621.

[48] Byung Hwan Oh,Boem Seok Jung. Structural Damage Assessment with Combined Data of Static and Modal Testes[J]. Journal of Structural Engineering. 1998,124(8):956-965.

[49] Nenda Bicanic,Hua-peng Chen. Damage identification in framed structural using natural frequencies [J]. International Journal of Numerical Methods in Engineering. 1997,(40):4451-4468.

[50] Jiann_Shium Lew. Using Transfer Function Parameter Changes for Damage Detection of Structures [J]. AIAA Journal. 1995,33(11):2189-2193.

[51] Mark J S. Detecting Structural Damage Using Transmittance Function[C]. Florida:Proceedings of 15th IMAC. 1997,638-644.

[52] Sampaio R P C,Maia N M M,Silva J M M. Damage Detection Using the Frequency-Response-Function Curvature Method[J]. Journal of Sound and Vibration. 1999,226(5):1029-1042.

[53] Thyagarajan S K,Schulz M J,Pai P F. Detecting Structural Damage Using Frequency Response Functions[J]. Journal of Sound and Vibration,1998,210(1):162-170.

[54] Maia N M M. Damage Detection in Structures:from Mode Shape to Frequency Response Function Method[J]. Mechanical Systems and Signal Processing. 2003,17(3):489-498.

[55] Park N,Park Y S. Damage Detection Using Spatially Incomplete Frequency Response Functions [J]. Mechanical Systems and Signal Processing. 2003,17(3):519-532.

[56] Pnadey A K,Biswas M. Damage Detection in Structures Using Change in Flexibility[J]. Journal Sound and Vibartion. 1994,169(l):3-17.

[57] Jun zhao,John T Dewolf. Sensitivity Study of Vibrational Parameters used in Damage Detection[J]. Journal Structural Engineering. 1999,125(4):410-416.

[58] 徐龙河,刘向真. 钢框架模型结构的损伤诊断[J]. 天津大学学报,2008,41(2):221-225.

[59] Cornwell P,Doebling S W,Farrar C R. Application of the Strain Energy Damage Detection Method to Plane-Like Structures[J]. Journal of Sound and Vibration. 1999,224(2):359-374.

[60] Shi Z Y,Zhang L M. Structural Damage Localization from Modal Energy Change[J]. Journal of Sound and Vibration. 1998,218(5):825-844.

[61] Law S S,Shi Z Y,Zhang L M. Structural Damage Detection from Incomplete and Noisy Modal Test Data[J]. Journal of Engineering Mechanics. 1998,124(11):1280-1288.

[62] Shi Z Y,Law S S,Zhang L M. Improved Quantification from Elemental Modal Strain Energy Change[J]. Journal of Engineering Mechanics. 2002,128(5):521-529.

[63] 史治宇,吕令毅. 由模态应变能法诊断结构破损的实验研究[J]. 东南大学学报,1999,29(2):134-138.

[64] 宋玉普,刘志鑫,纪卫红. 基于模态应变能与神经网络的钢网架损伤检测方法[J]. 土木工程学报,

2007,40(10):13-18.

［65］刘涛,李爱群,赵大亮等.改进模态应变能法在混凝土组合箱梁桥损伤诊断中的应用[J].工程力学,2009,26(5):121-130.

［66］易伟建,周云,李洁.基于贝叶斯统计推断的框架结构损伤诊断研究[J].工程力学,2009,26(5):121-129.

［67］Beck J L,Katafygiotis L S. Updating Models and Their Uncertainties I:Bayesian Statistical [J]. Journal of Engineering Mechanics. 1998,124(4):455-461.

［68］Katafygiotis L S,Beck J L. Updating Models and Their Uncertainties II:Model Identifiability [J]. Journal of Engineering Mechanics. 1998,124(4):463-467.

［69］Vanik M W,Beck J L,Au S K. Bayesian Probabilistic Approach to Structural Health Monitoring [J]. Journal of Engineering Mechanics. 2000,126(7):738-745.

［70］Beck J L, Au S K. Bayesian Updating of Structural Models and Reliability Using Markov Chain Monte Carlo Simulation [J]. Journal of Engineering Mechanics. 2002,128(4):380-391.

［71］Yuen K V,Au S K,Beck J L. Two-Stage Structural Health Monitoring Approach for Phase I Benchmark Studies [J]. Journal of Engineering Mechanics,2004,130(1):16-33.

［72］Ching J,Beck J L. Bayesian Analysis of Phase II IASC-ASCE Structural Health Monitoring Experimental Benchmark Data [J]. Journal of Engineering Mechanics,2004,130(10):1233-1244.

［73］Sohn H,Law K H. A Bayesian Probabilistic Approach of Structural Damage Detection[J]. Earthquake Engineering and Structural Dynamics. 1997,1259-1281.

［74］易伟建,吴高烈,徐丽.模态参数不确定性分析的贝叶斯方法研究 [J].计算力学学报,2006,23(6):700-705.

［75］李功标,瞿伟廉.基于应变模态和贝叶斯方法的杆件损伤识别[J].武汉理工大学学报,2007,29(1):135-138.

［76］Trendafilove I. Two Statistical Patten Recognition Methods for Damage Localization[C]. Florida, USA. Proceedings 17th IMAC. Kissimmee. 1999,1380-1386.

［77］Sohn H,Farrar C R,Hunter N F,et al. Structural Health Monitoring using Statistical Pattern Recognition Techniques[J]. Journal of Dynamic Systems,Measurement,and Control. 2001,123:706-711.

［78］Gul M,Catbas F N,Georgiopoulos M. Application of Pattern Recognition Techniques to Identify Structural Change in a Laboratory Specimen[C]. San Diego,CA,USA. Proceedings of the SPIE Smart Structures and Materials & Nondestructive Evaluation and Health Monitoring Conference. 2007.

［79］Gul M,Catbas F N. Identification of Structural Changes by Using Statistical Pattern Recognition [C]. Stanford,USA. The 6th International Workshop on Structural Health Monitoring. 2007.

［80］Gul M,Catbas F N. Statistical Pattern Recognition for Structural Health Monitoring using Time Series Modeling:Theory and Experimental Verifications [J]. Mechanical Systems and Signal Processing. 2009,23:2192-2204.

［81］Hermans L. Health Monitoring and Detection of a Fatigue Problem of a Sports Car[C]. Florida, USA. Proceedings 17th IMAC. Kissimmee. 1999,42-48.

［82］Sohn H,Fugaet M,Farrar C. Continuous Structural Health Monitoring Using Statistical Process Control[C]. Proceedings of 18th IMAC,San Antonio,Texas,2000. Bethel,Conn. :Society for Experimental Mechanics,2000:660-667.

［83］邱洪兴,蒋永兴.结构损伤区域的判断分析法[J].工业建筑,2000,30(4):61-64.

［84］张蓓,殷学纲.结构损伤的概率诊断[J].重庆大学学报,2000,23(2):60-63.

［85］梁艳春.计算智能与力学反问题中的若干问题[J].力学进展,2000,30(3):321-331.

[86] 孙剑平,朱晞. 结构控制方法评述[J]. 力学进展,2000,30(4):495-505.

[87] Kaminski P C. The Approximate Location of Damage Through the Analysis of Natural Frequencies with Artificial Networks[J]. Journal of Process Mechanical Engineering. 1995,209:117-123.

[88] Elkordy M F,Chang K C,Lee G C. A Structural Damage Neural Network Monitoring System[J]. Microcomputers in Civil Engineering. 1994,9:83-96.

[89] Luo H,Hanagud S. Dynamic Learning Rate Neural Network Training and Composite Structural Damage Detection[J]. Journal of AIAA,1997,35(9):1522-1527.

[90] Chaudhry Z,Ganino A J. Damage Detection Using Neural Networks-An Initial Experimental Study on Debonded Beams [J]. Journal of Intelligent Material Systems and Structures. 1994,5(4):585-589.

[91] Kirkegaard P,Rytter A. Use of Neural Networks for Damage Assessment in a Steel Mast[C]. Honolulu,Hawaii:Proceedings of the 12th International Modal Analysis Conference. 1994,1128-1134.

[92] Pandey P C,Barai S V. Multiplayer Perception in Damage Detection of Bridge Structures[J]. Journal of Comput. Struct. 1994,54(4):597-608.

[93] Barai S V,Pandey P C. Vibration Signature Analysis Using Artificial Neural Network[J]. Journal of Comput. Civ. Eng. 1995,9(4):259-265.

[94] Norhisham Bakhary,Hong Hao,Andrew J Deeks. Damage Detection Using Artificial Neural Network with Consideration of Uncertainties[J]. Journal of Engineering Structures. 2007,29:2806-2815.

[95] 李志宁,沈少波,彭少民. 神经网络在框架结构损伤诊断中的应用研究[J].武汉理工大学学报,2007,29(Ⅱ):174-178.

[96] 伍雪南,孙宗光,毕波,等. 基于吊索局部振动与神经网络技术的悬索桥损伤定位[J].振动与冲击,2009,28(10):202-206.

[97] K young-jae K in. Financial Time Series Forecasting Using Support Vector[J]. Neurocomputing. 2003,55:307-319.

[98] B. Samanta K R,Al-Balushi S A. Al-Araim. i Artificial Neural Networks and Support Vector Machines with Genetic Algorithm for Bearing Fault Detection[J]. Engineering Applications of Artificial Intelligence. 2003,16:657-665.

[99] Worden K,Lane A J. Damage identification using support vector machines[J]. Smart Materials and Structures. 2001,10:540-547.

[100] 刘龙,黄海,孟光. 基于支持向量机的结构损伤分步识别研究[J]. 应用力学学报,2007,24(2):313-319.

[101] 樊可清,倪一清,高赞明. 基于频域系统辨识和支持向量机的桥梁状态监测方法[J]. 工程力学,2004,21(5):25-30.

[102] 何浩祥. 空间结构健康监测理论与实验研究[D]. 北京:北京工业大学博士论文,2006:75-80.

[103] 黄文虎,邵成勋. 振动系统参数识别的时域法[J]. 振动与冲击,1982,1:43-53.

[104] 谭冬梅,姚三,瞿伟廉. 振动模态的参数识别综述[J]. 华中科技大学学报(城市科学版),2002,19(3):73-78.

[105] 林循泓. 振动模态参数识别及其应用[M]. 南京:东南大学出版社,1994.

[106] 曹树谦等. 振动结构模态分析:理论、实验与应用[M]. 天津:天津大学出版社,2001.

[107] Ibrahim S R,Mikulcik E C. The experimental Determination of Vibration Parameters from Time Responses[J]. Shock and Vibration Bulletin. 1976,46(5):83-198.

[108] Ibrahim S R,Mikulcik E C. A Method for the Direst Identification of Vibration Parameters from Free Response[J]. Shock and Vibration Bulletin. 1977,47(4):183-198.

[109] Lei Y,Kiremidjian A S,Nair K K,etal. An Enhanced Statistical Damage Detection Algorithm U-

sing Time Series Analysis[C]. Stanford,CA,USA:Proceedings of the 4Th International Workshop on Structural Health Monitoring. 2003.

[110] Lei Y,Kiremidjian A S,Nair K K,etal. Statistical Damage Detection Using Time Series Analysis on a Structural Health Monitoring Benchmark Problem[C]. San Francisco,CA,USA:Proceedings of the 9th International Conference on Applications of Statistics and Probability in Civil Engineering. 2003.

[111] Sohn H,Farrar C R. Damage Diagnosis Using Time Series Analysis of Vibration Signals[J]. Smart Materials and Structures. 2001,10(3):446-451.

[112] 葛哲学,沙威. 小波分析理论与 MATLABR2007 实现[M]. 北京:电子工业出版社. 2007:9-13.

[113] Corbin M,Hera A,Hou Z. Locating Damage Regions Using Wavelet Approach[C]. Austin,Texas,USA:Proceedings of ASCE EMD 2000.

[114] Gentile A,Messina A. On the Continuous Wavelet Transforms Applied to Discrete Vibrational Data for Detecting Open Cracks in Damaged Beams[J]. International Journal of Solids and Structures. 2003, 40(2):295-315.

[115] Hera A,Hou Z. Application of Wavelet Approach for ASCE Structural Health Monitoring Benchmark Studies[J]. Journal of Engineering Mechanics. 2004,130(1):96-104.

[116] 高宝成,时良平,史铁林等. 基于小波分析的简支梁裂缝识别方法研究[J]. 振动工程学报,1997, 10(1):81-85.

[117] 赵学风,段晨东,刘义艳,等. 基于小波包变换的支持向量机损伤诊断方法[J]. 振动、测试与诊断,2008,28(2):104-108.

[118] 柳春光,刘海兵,贾玲玲. 基于小波奇异性的梁结构损伤评估方法研究[J]. 大连理工大学学报, 2009,48(1):105-109.

[119] 许录平. 数字图像处理[M]. 北京:科学出版社,2007:1-21.

[120] Gonzalez R C,Woods R E 阮秋琦,阮宇智等. 数字图像处理第二版[M]. 北京:电子工业出版社, 2008:1-26.

[121] Aufrere R,Chapuis R,Chausse F. A Model-Driven Approach for Real-Time Road Recognition[J]. Machine Vision and Applications. 2001,(13):95-107.

[122] Hsu J C,Chen W L,Lin R H,etal. Estimation of Previewed Road Curvatures and Vehicular Motion by a Vision Based Data Fusion Scheme[J]. Machine Vision and Applications. 1997,(9):179-192.

[123] Wiltschi K,Pinz A,Lindeberg T. An Automatic Assessment Scheme for Steel Quality Inspection[J]. Machine Vision and Application. 2000,(12):113-128.

[124] Kassim A A,Mannan M A,Jing M. Machine Tool Condition Monitoring Using Workpiece Surface Texture Analysis[J]. Machine Vision and Application. 2000,(11):257-263.

[125] Zhang J B. Computer-Aided Visual Inspection for Integrated Quality Control[J]. Computers in Industry. 1996,(30):185-192.

[126] Lahanjar F,Bernard R,Pernus F,etal. Machine Vision System for Inspecting Electric Plates[J]. Computers in Industry. 2002(47):113-122.

[127] Chou P B,Rao A R,Sturzenbecker M C,etal. Automatic Defect Classification for Semiconductor Manufacturing[J]. Machine Vision and Application. 1997,(9):201-214.

[128] Poudel U P,Fu G,Ye J. Structural Damage Detection Using Digital Video Imaging Technique and Wavelet Transformation[J]. Journal of Sound and Vibration. 2005,(286):869-895.

[129] Kassim A A,Mian Z,Mannan M A. Texture Analysis Using Fractals for Tool Wear Monitoring [C]. New York, USA: Proceedings of the 2002 International Conference on Image Processing, Rochester. 2002:105-109.

[130] 程万胜. 钢板表面缺陷检测技术的研究[D]. 哈尔滨:哈尔滨工业大学博士论文,2008:20-120.

[131] 毛磊,孔凡让,何清波等. 用数字图像处理技术检测钢丝绳表面缺陷[J]. 起重运输机械,2007,(5):43-46.

[132] Shijun Song, Jiyong Wang, Caifeng Qiao. The Study of Tower-Inclination Feature Model Under the Normal State of Tower Crane [C]. Changsha, China: 2010 International Conference on Digital Manufacturing and Automation(ICDMA2010). IEEE Computer Society, 2010: Vol. 2: 828-835.

[133] Shijun Song, Jiyong Wang, Caifeng Qiao. The Study On Tower Crane Foundation Slope Model Based On Inclination Feature[C]. XianNing, China: Proceedings of 2011 International Conference on Consumer Electronics, Communications and Networks(CECNet 2011). 2011. IEEE Computer Society, 2011: 900-907.

[134] 杨叔子,吴雅,轩建平等. 时间序列分析的工程应用(上册)第二版[M]. 武汉:华中科技大学出版社,2007:1-21.

[135] 杨叔子,吴雅,轩建平等. 时间序列分析的工程应用(上册)第二版[M]. 武汉:华中科技大学出版社,2007:34-80.

[136] 何浩祥. 空间结构健康监测理论与实验研究[D]. 北京:北京工业大学博士论文,2006:81-85.

[137] 邓乃杨,田英杰. 数据挖掘中的新方法—支持向量机第一版[M]. 北京:科学出版社,2004:53-64.

[138] 刘龙,孟光. 基于曲率模态和支持向量机的结构损伤位置两步识别方法[J]. 工程力学,2006,23(增刊1):35-45.

[139] 吴小平. 复杂桥梁结构综合监测系统开发研究[D]. 杭州:浙江大学博士论文,2005:36-38.